金传达文集

二 风

金传达 著

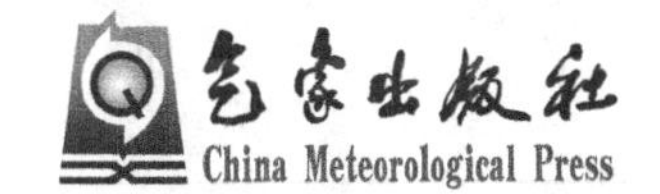

内容简介

本书收录了金传达先生多年来创作的天文历法、气象地理等诸多方面的各类科普作品，主要内容包括星云万象、地球上的风、江淮晴雨、梦幻天空、自然地理、传世贤文、民间寿庆文化等，详细介绍了历法和气象基础知识、各种天气现象的成因和分类、有趣的天气现象、江淮地区天气气候、节气物候和民俗文化等相关知识，内容丰富，通俗易懂，具有很强的可读性，表现了作者对科普传播工作孜孜以求的探索精神和对祖国大好河山、优秀传统文化的热爱之情。

图书在版编目（CIP）数据

金传达文集 / 金传达著. -- 北京 ：气象出版社，2022.5

ISBN 978-7-5029-7710-8

Ⅰ. ①金… Ⅱ. ①金… Ⅲ. ①古历法－中国－文集②气象学－中国－文集 Ⅳ. ①P194.3-53②P4-53

中国版本图书馆CIP数据核字(2022)第076380号

金传达文集（二）：风

Jin Chuanda Wenji（er）：Feng

出版发行：气象出版社
地　　址：北京市海淀区中关村南大街 46 号　　**邮政编码**：100081
电　　话：010-68407112（总编室）　010-68408042（发行部）
网　　址：http://www.qxcbs.com　　**E-mail**：qxcbs@cma.gov.cn
责任编辑：杨　辉　　**终　　审**：吴晓鹏
责任校对：张硕杰　　**责任技编**：赵相宁
封面设计：艺点设计
印　　刷：北京建宏印刷有限公司
开　　本：710 mm×1000 mm　1/16　　**本卷印张**：15.5
本卷字数：255 千字
版　　次：2022 年 5 月第 1 版　　**印　　次**：2022 年 5 月第 1 次印刷
定　　价：298.00 元

目 录

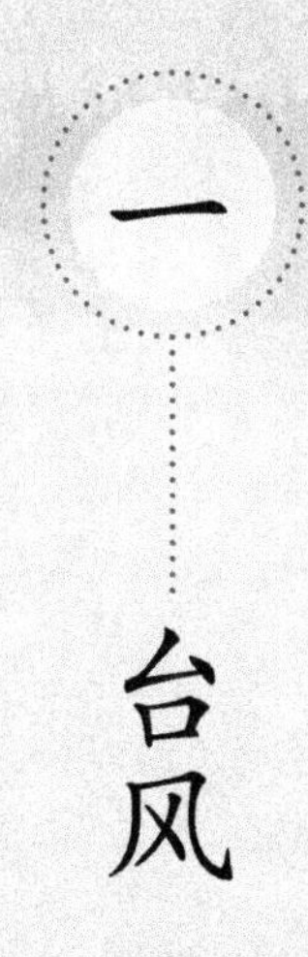

一 台风

台风是一种猛烈的灾害性天气。我国东南沿海的上海、浙江、江苏、福建、广东、台湾等省（直辖市），经常受到它的袭击。

台风一来，狂风大作，天空满布乌黑的云层，倾盆大雨，狂泻不已。有时接连不断发生闪电，隆隆雷声却被暴风雨所吞没。当台风快要登陆时，海岸水位猛涨，容易摧毁堤防，造成海水倒灌，淹没市镇、村庄、田园……

人们没有忘记，1922 年 8 月 2 日，一次强台风在我国广东省汕头市登陆，台风海啸造成海水倒灌，整个汕头尽被水淹，死亡 6100 余人，财产损失达 7000 万银元。加上台风后瘟疫蔓延，有些地方简直成了无人区！事隔四十多年，1969 年 7 月 28 日汕头又遭到了一次更强的特大台风的袭击，但在社会主义制度下，情况却完全不同。由于气象台事先提供了及时准确的台风预报，汕头地区的人民早有充分准备。几百万群众在党和人民政府的领导下，投入到抗台斗争的第一线，开赴沿海数百里长的大堤上和被海水淹没的田地里，堵江复堤、引淡冲咸、抢插和扩种晚稻……经过一个多月的奋战，终于战胜了灾害，并且获得了大灾之年的大丰收。真是两个社会，形成鲜明的对比。

任何事物都是一分为二的。台风“百害”，但也有“一利”。例如，盛夏时节，内陆地区常有伏旱现象。这时，如果有一次弱台风登陆，或强台风登陆后很快减弱，降一场大雨，这对农业生产是有利的。

我国劳动人民在长期实践中，积累了许多防台抗台的经验。新中国成立以来，广大气象工作者结合人民群众的防台抗台经验，运用新的技术，在台风的探测、预报、科研和联防服务等方面取得了显著成果。监视和预报台风的气象服务网，从原来的沿海部分地区扩展到整个沿海地区。新建的一批雷达站，在南起西沙群岛，北到山东半岛的漫长海岸上，初步形成了一条探测台风动向的雷达警戒线。台风的情报传递、资料整编等工作也有较大进展。在沿海地带营造的大片防护林，兴建的许多海塘堤坝，大大发挥了抗御台风的功能。

（一）台风的名称①

每年夏秋季节，我们从报纸上和广播里，往往可以看到和听到气象台（站）发布的台风消息或警报。“台风”对我们已不是一个陌生的名词了。那么，台风究竟是怎么回事？让我们从旋风谈起吧。

1. 旋风、龙卷、台风

在旷野，有时会看到尘土、纸屑、枯叶等被一小股风卷着，团团飞转起来，像陀螺一样边转边跑，这就是旋风。

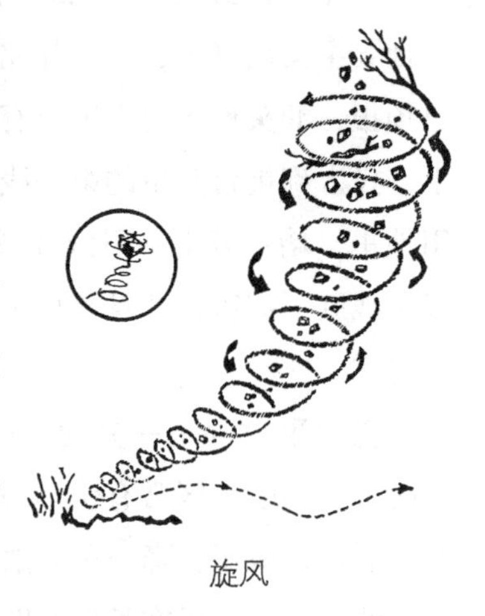

旋风

风，就是流动的空气。旋风也是由于空气流动而产生的。平时，大家常看到湍急的河水，一遇到木桩、桥墩、石堤，一部分流水就被挡了回来，水流速度突然变慢，后面的急流向前一冲，水就滴溜溜地乱转，于是打起一个个的涡旋来。它们有的作顺时针方向旋转，有的作反时针方向旋转；有的涡旋流转时间长，有的瞬间即逝。起旋风的道理跟水涡旋是一样的。当空气流动很急时，山崖、沟谷、土冈等障碍物会迫使它急速地改变方向，这样一转弯，就形成一个空气涡旋了。打旋的水，涡当中的水比周围的水少一些。打旋的风也是一样，涡当中的空气也少一些。因为涡旋里面的空气少，四周较稠密的空气便一齐向涡当中挤，使空气转得更快了。

水流涡旋（下）和空气涡旋（上）

① 本节以及本章（二）至（六）节写于 1979 年。

发生旋风的原因，除空气流动时受地形影响外，还有地面上温度的变化。当某一个地方被太阳晒得很热时，该处贴近地面层的空气受热后，膨胀上升，密度减小，气压降低，空气就从四周气压高的地方流来补充，结果就打起旋来。

在旋风的中心，暖空气不断上升，四周的空气不断旋转流入，所以很容易把地面上的尘土、树叶、纸屑吸卷到空中，并随着空气的流动而旋转飞舞。如果旋风的势力强，有时也会把地面上的一些小动物，如小蛇、小虫等卷到空中去，在尘沙弥漫中随风流动。小旋风高度一般不大，当它受到地面的摩擦或房屋、树木等的阻挡时，就渐渐消散了。

上面说的是旋风，也叫“尘卷风”。另外，有一种比尘卷风强烈得多的旋风，就叫作“龙卷风”，就是我们常说的“龙摆尾”“龙吸水”。它常常出现在夏天强烈发展的雷雨云下。

雷雨云里的空气，不但扰动得很厉害，而且上下温度相差很大。在地面，空气温度是摄氏二十几度；在雷雨云底，下降到十几摄氏度；到了4000米的高空，降为0℃；而在8000米的高空，则降到零下三十几摄氏度。这样，热空气激烈上升，冷空气很快下降，上下层空气剧烈扰动，产生许多小涡旋。这些小涡旋开始时不止一个，常常三五成群地伸出云底，时伸时缩，作旋转滚动。如果上下层空气扰动更剧烈，这些小涡旋逐渐扩大，就会变成漏斗形的大涡旋。这涡旋也像陀螺那样，一面高速旋转，一面向前移动，便是龙卷了。

由于龙卷中上升气流很强，旋转得太快，中心压力非常低，这就使它具有一种比尘卷更强的吸吮力。在海上它会吸卷起高高的水柱，民间称为“龙吸水”；在沙漠里，它会吸卷起一条条旋转的沙柱，带着它们前进。它还会把地面上的人、畜、树木和房屋等吸卷到它的“漏斗”里，等到风力变小的时候，再把它们扔下来。有的地方曾下过“鱼雨”“虾雨”“谷子雨”“铜钱雨”，这些都是龙

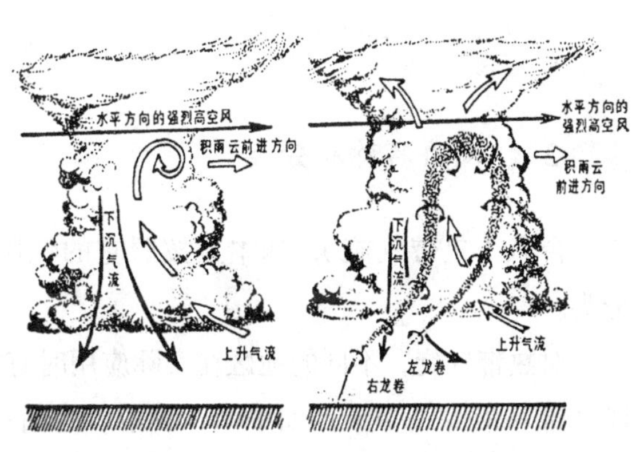

龙卷风的开始阶段（左）和形成阶段（右）

卷要的把戏。

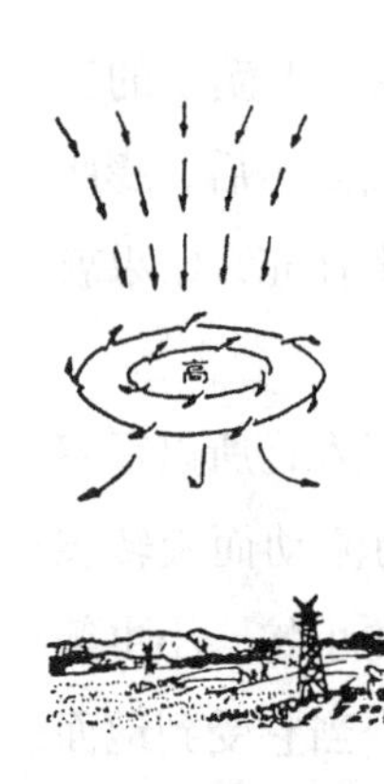

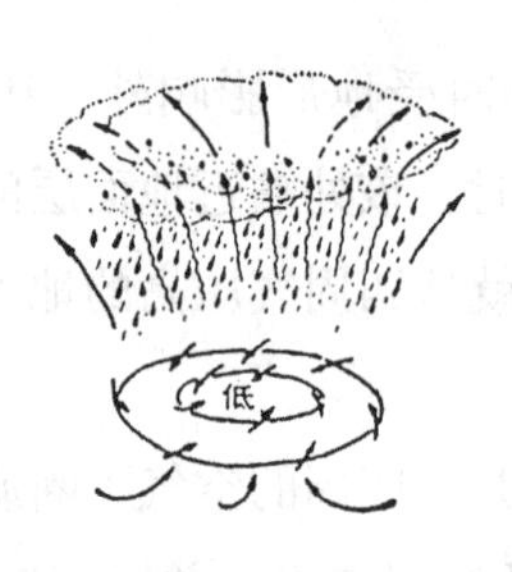

高气压（左）和低气压（右）

在茫茫的大气层里，除了尘卷和龙卷以外，还有范围较大的涡旋。气象工作者按照这些大气涡旋的不同旋转方向，把它们分为气旋和反气旋。

在北半球，气旋作反时针方向旋转，反气旋作顺时针方向旋转；在南半球，正好相反。气旋又叫低气压，因为越近气旋中心，气压越低；反气旋又叫高气压，因为越近反气旋中心，气压越高。台风就是一种猛烈的气旋，因为它产生在热带海洋上，所以又叫作热带气旋，气象学上通常用"ᘓ"符号表示。

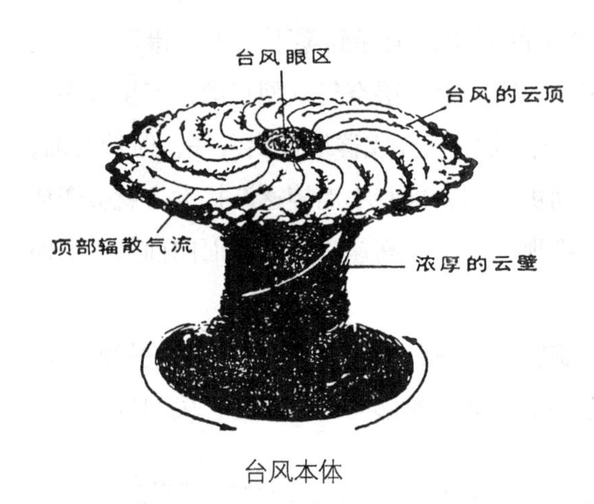

台风本体

台风的雷达回波
1. 外螺旋云带；2. 内螺旋云带；3. 云墙；4. 台风眼（箭头为台风移动方向）

2. 台风的名称和分类

台风（热带气旋），基本上按照它的低压中心附近地面最大风速进行分类。

对热带气旋，不同的地区在实际应用时有各自的分类法和称呼。北太平洋西部和沿海一带，例如中国、日本、越南等，都叫台风。我国最早写作

“飑风”，见于宋朝史书。1684 年的《福建通志》上有关于“飑风”的明确记载。

2006 年 6 月，我国发布《热带气旋等级》国家标准，即热带低压、热带风暴、强热带风暴、台风、强台风和超强台风六个等级。具体标准：热带气旋底层中心附近最大风速达到 10.8 ～ 17.1 米 / 秒（风力 6 ～ 7 级）为热带低压；达到 17.2 ～ 24.4 米 / 秒（风力 8 ～ 9 级）为热带风暴；达到 24.5 ～ 32.6 米 / 秒（风力 10 ～ 11 级）为强热带风暴；达到 32.7 米～ 41.4 米 / 秒（风力 12 ～ 13 级）为台风，达到 41.5 米～ 50.9 米 / 秒（风力 14 ～ 15 级）为强台风；达到或超过 51.0 米 / 秒（风力 16 级或以上）为超强台风。

此外，在气象学上，常把最大风力不到 6 级的热带气旋，叫作热带涡旋、热带扰动或热带闭合低压环流等。

3. 台风的编号

台风可以产生在全世界的各个热带海洋上。但以北太平洋西部产生的台风最多，强度也最大。这一地区的台风，有很多能直接或间接影响我国。为了让各方面了解每个台风的动向，哪些地区主要防御哪一个台风，从 1959 年开始，我国中央气象台对每年出现在北太平洋西部洋面，东经 150 度以西，中心附近最大风力达 8 级以上的台风，按其发生时间的先后进行编号。因此，在台风预报中，总是有“今年第 × 号台风”的内容。

台风的编号，每年都从第 1 号开始，如 1978 年第 1 号台风编为 7801，第 2 号台风编为 7802，以此按顺序编下去。如果在同一天内有两个或数个台风产生，按由西向东（经度读数由小到大）的次序编号。如果在同一天内在同一经度上有数个台风产生，那么就按由北向南（纬度读数由大到小）的次序编号。

当某一个台风编号之后，即使以后发展为强台风，仍然按照原编号称呼。同时，当某一编号一经使用之后，则随后发生的台风就不能再用这一编号了。对于气旋中心最大风力达不到 8 级的热带低压，不进行编号，只发布消息或警报。由于每个台风移动路径和速度不同，有时会遇到先发后一号台风的警报，后发前一号台风警报的情况。有时台风生成后，移动路径偏东，对我国没有影响，虽然编了号，却没有发布消息和警报，因此气象预报中台风编号常有不连续的情况。

国外也有用数字对台风进行编号的，例如日本就是这样。但是，日本地理位置和我国不同，受到台风影响也不一样，所以和我国的编号不一致。另外，日本从 1953 年起，对于造成灾害特别严重的台风，除了规定的台风编号外，还要起上一个专有的名字。例如，1958 年 9 月的 5822 号台风侵袭日本关东地区，在当地降下了创纪录的暴雨，造成严重灾害，为此，就给这个台风起了一个专有的名字“狩野川台风”。1954 年造成洞爷丸轮船沉没的 5415 号台风，也起了一个“洞爷丸台风”的名字。

国际上，采用给台风命名编号的办法，英文名称的第一个字母表示台风形成的时间顺序。如 1969 年 8 月 1 日发生的一个台风命名为 ALICE，同年 8 月 4 日发生的另一个台风就叫 BETTY，同年 8 月 13 日出现的一个台风就叫 CORA，等等，依此类推，用到 W 字母后，又转而使用以 A 字母为开头的名字。这样的名称预先编好四组，连续循环使用。

我国编了号的台风不一定都影响我国，但是影响我国的台风一定都在编号范围内。每当台风移近我国时，各级气象台（站）便依预报时效，相继发布台风消息、警报和紧急警报，让各方了解台风动向，以采取有效的防御措施。

（二）台风的结构和天气

台风的面貌，平着看像流水中的水涡，直着看又像陆地上的旋风。但是，台风的规模大得多。一般直径大约有几百千米，更大的直径可达1000千米以上。它的顶部离地面约15～20千米（对流层顶），少数可达27千米（平流层下部）。台风产生的灾害性天气，主要有大风、暴雨和海上巨浪。无论是水平范围达到2000千米左右的大型台风，还是水平范围只有200千米左右的小型台风，都会造成严重的危害，需要严加防范。

1. 台风的平面特征

在水平面上，台风是一个近于圆形的大涡旋。这个大涡旋可分为三部分，即台风眼、云墙区、螺旋云带。

台风范围内的空气绕着中心急速旋转，外面的空气进不到中心去，就形成了一个漏斗状的小圆洞，叫作台风眼。这种情况，恰似我们用筷子搅一杯水，搅得越快，水旋转得越急，杯子中心的水越少，形成一个深窝一样。和其他大气涡旋相比，台风眼是台风特有的一种现象。

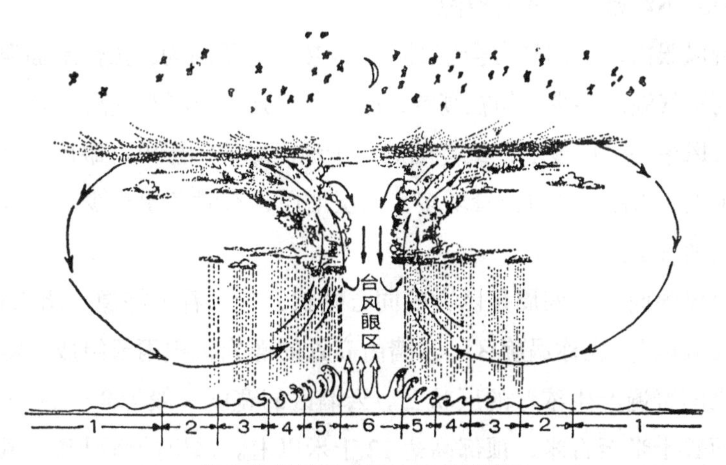

海上台风范围内天然状况剖面图

台风眼区有下沉气流，通常为云淡风轻的好天气。白天，这里有蓝天和太阳，晚上可见月亮和星星。有时成千上万只海鸟也栖息在这里躲风避雨。有人曾经乘坐台风侦察飞机穿入太平洋上一个台风眼，对眼区的情况作过这样的描述：

不久，在飞机的雷达荧光屏上开始看到无雨的台风眼的边缘。飞机从倾盆大雨中颠簸而过。以后，突然我们来到了耀眼的阳光和明朗的蓝天下。

在我们周围展现出一幅壮丽的图景。在台风眼内是一片晴空，直径 60 千米。其周围被一圈云墙环抱。在一些地方，高大的云墙笔直地向上耸立着，而在另一些地方，云墙像大体育场内的看台，倾斜而上。眼的上边缘是圆圆的，有 10 ～ 12 千米高，看来好像是缀在蓝天的背景上。在我们的下方，是一片低云，在中心云层隆起，到达 2500 米的高度。在低云中，出现不少云缝，它使我们能够瞥见海面。在台风四周的涡旋中，海面是一片异常激烈、海水翻腾的景象。

台风眼区在形成初期很小，后来逐渐增大，平均直径为 25 千米。在大的台风中，台风眼的直径达到 60 ～ 70 千米，小的台风眼直径只有 5 ～ 6 千米。风速从眼壁向内迅速递减，常常减小到 6 米 / 秒以下，这时大雨也随即停止，所以与外面激烈的风雨区相比，眼内天气显得平静。不过，有时也可测到较强的风速，如有一个台风眼中的风速就达到 32 米 / 秒。在眼内可听到眼区边缘附近怒吼般的风声，见到一些高度不同的云，甚至是小块的螺旋状云，但云不浓密，其间有空隙。

在台风眼内，人们经常会感到空气闷热。这是因为，虽然地面温度并不比眼的周围气温高多少，但在高空，眼内气温则比周围空气高得多。

当台风中心强度变弱，或登陆后由于地面摩擦的影响，眼区的气流变成上升气流时，“眼”中的云量增多，云层增厚，有时还出现少量降雨，“眼”也就很快消失了。

从台风眼向外，四周是巨大的同心圆状云带，看去好像一堵高耸的墙，叫作“云墙区”，也称涡旋区。云墙由高耸的螺旋状积雨云组成。螺旋状积雨云带之间普遍产生浓厚的层状云。云墙区的宽度一般为 8 ～ 20 千米，底部离地面数十米至百米，顶部高达 12 千米以上。这里的情况和台风眼区完全不同，整个台风的最大风速、暴雨和最大破坏力都集中于此。曾经在我国登陆的 6811 号和 7314 号小型台风，在眼壁就有一条狭窄而异常激烈的强风带，风灾的破坏范围虽小，但极其严重，具有龙卷的破坏性质。一般台风最大风速出现在云墙区外缘，以台风前进方向的右前方为最强。台风最大暴雨出现在云墙区内。

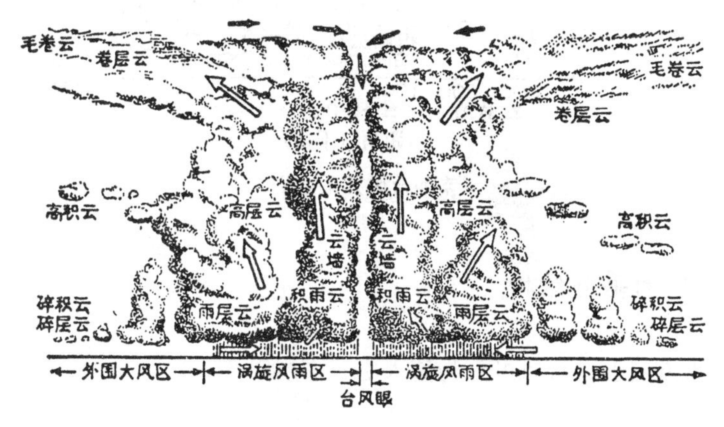

台风云系

从云墙区再向外，可见到几条螺旋云带直接卷入台风内部，称为内螺旋云带，由积雨云或浓积云组成。螺旋云带经过时常出现阵雨。

台风的最外围，称为外螺旋云带，由塔状的层积云或浓积云组成，以较小的角度旋向台风内部。这里风速小，一般没有阵雨现象。但在此云带附近，常有龙卷和飑线[①]活动。我国东南沿海渔民，曾亲眼看见过台风前缘的一排水龙卷在台风登陆前袭击了海岸，带来了猛烈的风雨。

从上面所说的看来，台风似乎是以眼区为中心，前后左右都是对称的，但事实上并不是完全如此。尤其是南海台风的结构更为特殊：左前方距中心约二三百千米内多出现少量的卷云和高积云，天气晴朗；右后方距中心约二三百千米处，却有强烈阵雨。因此，当南海台风登陆时，往往出现两个暴雨中心，一个在台风中心登陆点附近，另一个在台风中心右侧距离中心约200千米以外的地方。

① 强烈发展的积雨云带下面的冷空气堆和其前方的暖空气之间的交界线叫作飑线。这种天气系统范围较小，生命期一般只有几小时到十几小时。但是，每当飑线突然袭来，顿时乌云滚滚，天昏地暗，雷电交加，骤雨瓢泼，狂风大作，往往产生巨大的破坏力。

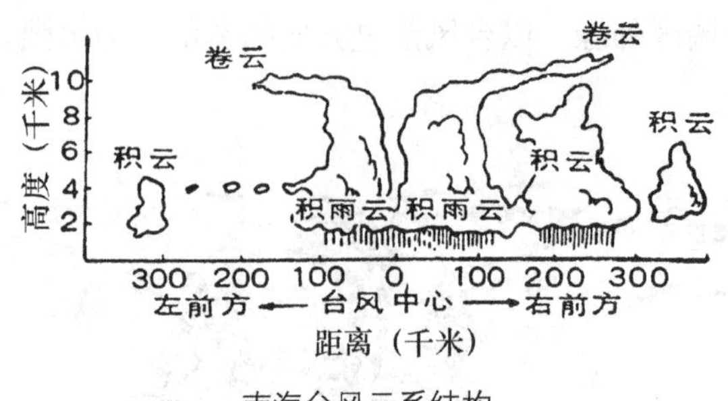

南海台风云系结构

2. 台风的垂直结构

在垂直方向上，台风可分为流入层、中层、流出层。

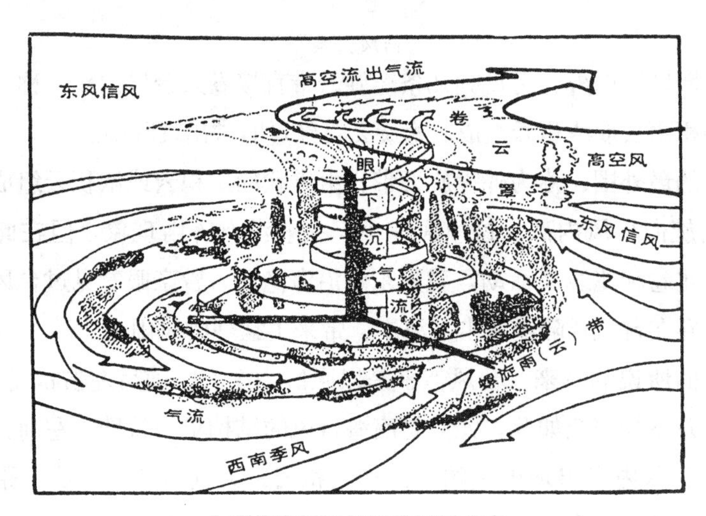

台风的高低层气流及云系分布

离地面 3 千米以下为台风流入层：四周空气以螺旋式向中心辐合，把大量水汽自台风外输入台风内部。最强的流入辐合出现在 500 ～ 1000 米以下的近地面层，也就是积云底部以下的空气层。流入现象达到云墙区基本停止，而后气流沿云墙做近于圆环形运动，同时因辐合而强烈上升。

离地面 3 ～ 7 千米是台风中层。这一层一般没有向内的流动（径向风速，指沿着半径方向向内流的风速），主要是围绕中心运动的流动（切向风速，指围绕中心作圆周运动的风速）从低层辐合的暖湿气流通过中层向高层输送，水汽凝结成高耸的积雨云云墙，同时释放潜热，加暖台风中心，所以台风是暖心的。台风暖心结构是台风维持和发展的重要因素。

离地面 7 千米到台风顶部是流出层。云墙区上升的气流，通过中层到达流出层时，便向外散开，最大流出在 12 千米左右。流出现象以台风前进方向的前半部最显著。流出的气流，一部分以反气旋环流形式向外辐散，在台风区外下沉；同时也有一小部分在台风眼区下沉，形成碧空区。

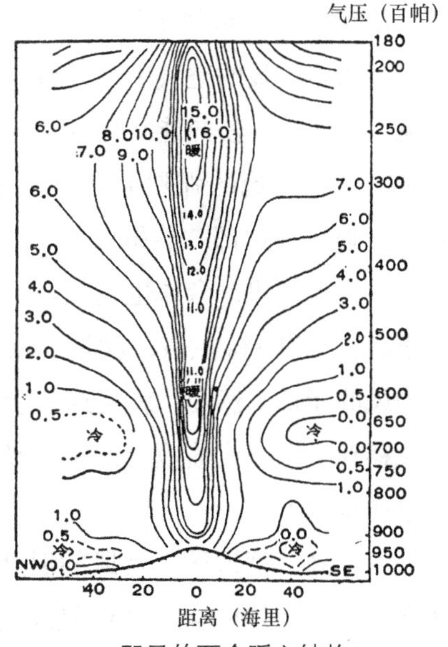

飓风的两个暖心结构

台风暖心结构是台风结构的最突出的一点，越向台风中心气温越高。但在螺旋云带区，气温升高不太剧烈，气温升高最剧烈的区域在云墙区和眼区。台风内最高气温出现在云墙区内缘。在地面附近，整个涡旋的气温差异较小，眼内气温尚不太高。但到 6 千米高度，中心气温为 0℃，而眼边缘的气温只有 -6℃，即眼中心比眼边缘气温高 6℃。到对流层上部，中心气温要比周围大气高 10 ～ 15℃。最近发现，有时台风存在两个暖心，一个在对流层上部，另一个出现在地面上空 600 百帕层附近。

在台风眼内，空气下沉，由于绝热压缩使气温增大，形成了台风眼暖区。云墙中增暖，则是由于水汽凝结释放潜热的缘故。从海洋上吸收了大量热量和水分的空气，迅速地流入台风内。这种暖湿空气上升、冷却、达到饱和或过饱和，部分水汽凝结，释放出热量，使大气增温。由于暖湿空气源源不断流入上升、凝结，加热大气，最后使台风内部空气达到较高温度，造成台风的暖心。增温显著的高度在 10 ～ 12 千米。在眼壁区，由凝结或降雨加热的暖层，一直可以扩展到台风顶部。在云墙内，降水强烈，许多雨滴在下降过程中重新蒸发，吸收了热量，使空气有所变冷，所以云墙区内地面气温反而比较低。

有人把台风比作一部“热机”（或“蒸汽机”）。它有热源，即台风的暖心；有冷源，即周围较冷的空气；有运转的燃料（或原动力），即高温高湿度的空气。当这部“热机”运转时，湿热空气（燃料）由低层源源进来，向上运动到高空。在上升过程中，凝结释放的热量使上升的空气增温，以后从高层流出去。在台风周围空气逐渐下沉，并向台风内部流去。在这种循环中，台风内较暖的空气上升，台风外较冷的空气下沉，结果与一个巨大的热对流系统一样，使热能转化为空气运动的动能，就是风。在这个系统中，台风中心内部气流的强烈上升区，好像是一个高大的烟囱或气柱，使对流不断地增强。在这部“热机”中，“燃料”加得越多（湿热的空气愈多），“热机”运转得越快，台风也越强。台风这部“热机”的效率，相对而言，并不是很高，只有3%左右，就是说在所释放的大量热量中，只有很小一部分转化为风的能量。然而，就是这点能量已经使台风成为威力强大的风暴了。当台风移到冷水面或陆地上，由于湿热空气供应减少，凝结加热减小，台风强度也就衰减了。

到了高纬度地区，台风的温度结构有时可变为半冷半暖的情况。例如，著名的7203号和7416号台风就是如此。这两个台风移到黄海，曾一度减弱，但与中纬度低气压结合后，又突然猛烈发展，成为盛夏时节山东沿海和辽东半岛的重大灾害性天气。

台风是一个强大的低压系统，越向中心，气压越低，在云墙区内气压最低。所以当台风外围到达时，气压缓慢下降；当台风中心接近时，地面气压下降越来越快，每小时下降8～9百帕，最后达到最低点。强台风的中心气压一般在950百帕以下，最低曾观测到877百帕。从台风外围到台风中心气压相差很大，这样就有很强的指向中心的气压梯度力。同时，由于地转偏向力作用，空气作旋转运动，最后达到气压梯度力、地转偏向力和惯性离心力的平衡，从而产生台风中的强风。1969年7月27日在我国汕头登陆的6903号台风，中心气压最低为895百帕。这是20世纪登陆我国的第一个强台风。

3. 台风范围内的大风

从台风的外围越向中心风力越大，但眼区几乎无风。一般来说，一个发展较完善的台风，通常离它中心五六百千米处，风力可达6级；离中心二三百千米处，风力8级；离中心一二百千米处，风力10级以上。发展得不强的台风，离中心三四百千米处，风力为6级，离中心50～150千米处，风力方达8级。但是，个别范围极小、强度很大的微型台风，离中心五六十千米处，风力不到6级，而离中心十多千米处，风力却可达12级以上。

台风产生的大风主要在沿海附近。在海上，风力达 12 级的强台风是常见的。最强的台风风速曾达 110 米 / 秒。台风登陆后，风力减小。在我国登陆的台风，有半数以上风力在 11 级以下，达到 12 级的约占总数 40%，最大风速曾测到 70 ～ 80 米 / 秒。

袭击陆地的强烈台风并不常见。在大西洋地区的 100 年中，大约有 10 次强烈台风袭击陆地。在太平洋，袭击我国和日本的强烈台风，次数比大西洋多，1949—1969 年的 20 年中，就出现过 4 次，这四次台风的最大风速都达到 100 米 / 秒。

强烈台风，是根据它们对建筑物的破坏程度来估计的。据测定，当 12 级台风吹向一座 5 米宽、4 米高的墙壁时，这墙壁承受的压力大约有 1.5 吨。所以，强大的台风往往能吹倒房屋，拔起百年大树！

少数移动缓慢的台风，风的分布具有对称性：以台风眼为中心，前后左右半径相同的各处的风力大小和气压高低，基本上相差不大。但大多数台风的风力分布是不对称的。一般在前进方向的右半圆内风力比左半圆大，因为右半圆内风向和台风前进的方向基本上一致。所以称右半圆为“危险半圆”，左半圆为“可航半圆”。

在台风中心右前方的象限内，不但风力特别大，而且是台风中心即将移至的区域，在这个象限内的船舶往往有被卷入台风中心的危险，因此，这个部位被称为“危险象限”。台风右侧的大风范围往往也比左侧大。例如 1962 年 6209 号台风，在 8 月 9 日 20 时，它的中心位于西沙群岛东面 200 千米海面上，前方（即右半圆）6 级和 6 级以上大风一直扩展到东沙群岛和香港一带（约 550 千米以外），而左半圆大风范围却不足 200 千米。

但是，台风左半圆大风范围比右半圆大的例子也是有的。1970 年 7013 号台风，在 10 月 16 日 14 时，中心位于海南岛以东约 200 千米海面上，当时台风向西北移动，它的右半圆 6 级和 6 级以上大风范围直达广东西部沿海，约 240 千米，但左半圆却扩展到北纬 10° 以北的南海海面，距离等于右半圆的 3 倍。

4. 台风影响下的巨浪

在台风眼区，气压极低，产生上吸作用，海水被抬高半米左右，我们称为飓浪（“金字塔浪”）。飓浪随着台风中心登陆而移近海岸时，受到海底和海岸地形作用，浪高三四米，迎风口岸水位猛升。这时，如果正逢阴历初三、十八大潮期，两种作用相结合，海潮就涨得出人意料地高，会冲垮海堤和海港设施，一些沿海的小岛也常被这种汹涌而来的巨浪所吞没。1970 年 11 月 12 日，在孟加拉湾北部有一个强台风袭击了恒河三角洲一带，由于许多条件的组合（例如当时正遇涨潮、漏斗形海岸线、地势低等），结果形成的浪潮高 6 米，潮水凶猛地灌向陆地，致使二十多万人死亡。这是近百年来世界上造成灾害最大的台风之一。

在台风云墙区，大风激起的海浪，波长短，波高 10 米，甚至 20 ～ 30 米，并且浪头较尖，易“开花”（称为“破浪”）。这种浪对海上船舶和沿海港口有极大危害。

风大则浪高。一般吹 6 级大风时，浪高 3 米，最高 4 米，海上渔船必须缩帆，捕鱼时应注意风险。吹 10 级狂风时，浪高 9 米，最高 12.5 米，海上航行的汽船就危险了。

海浪的大小不仅和风力大小有关，还和风向、海流、大风持续时间以及海岸地形等有密切关系。一般来说，风向和海流方向一致、大风持续时间长，波浪由深海传向浅海时，海浪大，相反情况则小。当海浪由海面拍向海岸时，波浪被海岸反击回去。当反击回去的波浪又遇上第二个由海面拍向海岸的波浪，互相碰撞，会激起更高更大的海浪，这种现象被称为“海浪封港”。“海浪封港”情况出现后，船只很难进出港口，严重威胁船舶安全。所以，在有“海浪封港”情况出现时，要紧张地动员起来，做好港口内外的防御抢险工作。

在台风的外围，海浪渐趋平静，波长变长，波高变小，浪头圆滑平稳，这种波浪向台风四周传播，达一两千千米远，称为“长浪”。长浪传播速度为每小时 50 ～ 80 千米，而台风中心海浪移动速度一般为每小时二三十千米，慢的在 15 千米以下。所以，长浪一般在台风侵袭前两三天就可以出现，它的来向及其变化，是台风来向及移向变化的先兆。另外，台风右半圆产生的长浪最强，传播最远，而传播方向又和台风移向较接近，这一点也是台风未来动向的预兆。

如果在某地观测到的长浪方向少变，浪头渐高，这个台风将对该地产生严重影响；如果长浪来向随时间作逆时针方向变化，这个台风中心将在该地区自右至左（观测者面对台风中心方向）移过去。相反，则自左至右移过去。

5. 台风带来的暴雨

在台风外围，一般是间断性的小阵雨，随着接近台风中心，雨势加大，台风眼周围是最大暴雨地带。在我国登陆的台风，24 小时内降 300 毫米的特大暴雨是常见的，个别的甚至达 500 ～ 600 毫米，有时可达 1000 毫米以上，造成严重水灾。

1955 年，有一个飓风移到美国东部，造成了大范围的洪水。这种飓风带来的洪水，美国自 1886 年以来至少有 63 次之多。有一次，在美国南部，一个飓风的总降水量为 686 毫米。菲律宾的一次强台风，降雨 2500 毫米，这比有些地区全年降水量还多几倍。

1975 年 8 月 5—7 日，7503 号台风深入我国某地区，形成了罕见的特大暴雨。某一测站三天降雨量 1606 毫米，一天最大降雨量为 1005 毫米。

台风过程暴雨的强度和总雨量，与台风强度、移动路径、移动速度、登陆后减弱快慢、冷空气的侵入以及地形等，都有密切关系。在一定条件下，登陆后减弱的台风可深入内陆，台风经过的地区会相继产生暴雨。这种降雨凝结产生的热量补偿了摩擦消耗的能量，使减弱的台风能维持较长的时间。高空气流向外流出显著，低层水分供应充足，是有利于台风维持的条件。

很多台风登陆后很快减弱，不会深入内陆。一般在台风登陆的东北侧（风由海洋吹向陆地的一侧），暴雨强度大，范围广，出现时间早；在台风登陆的西半侧（风由陆地吹向海洋的一侧），暴雨强度小，范围窄，出现时间迟。

台风移动的路径不同，暴雨的分布也不同。以在我国沿海登陆的台风为例，当台风向西北偏西行，在珠江口以西的广东沿海登陆时，暴雨区东面可以扩展到海陆丰，强度是 100 ～ 250 毫米或以上；西部只影响到海南岛东北部，强度为 100 ～ 200 毫米或以下。当台风向西北行，移到广东沿海后转为向北或东北行，并在珠江口或粤东登陆时，在台风经过地带 100 千米左右的范围内及其以东的广东陆地上，普遍有大雨、暴雨。暴雨中心常出现在台风转弯点的右前方，降雨量200毫米，最大可达300～500毫米。而在台风经过地带西侧100千米以西的地区，不易有大雨、暴雨出现。

台风登陆后产生的暴雨还与其他天气系统的相互作用有关。一般情况下，台风登陆后，在它的北方有冷空气南下，那么，在台风的东侧，暖湿气流和冷空气交汇，便产生暴雨。以下区域还常常产生台风暴雨：台风南侧的西南风低空急流区，西南风低空急流和副热带高压南侧东风气流辐合的区域，高空青藏高压东伸到台风上空的区域，中空西风带大槽东南的西风急流和台风之间的区域。当台风登陆后被副热带高压包围或阻挡时，台风移动缓慢，长期停在一个地区，这个地区也易产生暴雨。有时，台风登陆后，其南侧的气流会把原在海洋上的热带云团带到大陆，造成台风后部的暴雨。

山地迎风坡抬高了台风的暖湿气流，也有利于暴雨产生。当台风在广东、福建登陆北上时，在浙江东部和南部的山区，常产生大暴雨。

（三）台风的形成、发展和衰减

恩格斯说："运动是物质的存在方式。"台风是大气中的涡旋，也是物质运动的一种形式。物质可以从一种运动形态转化为另一种运动形态。台风的运动形态是从热带空气的运动形态在特定条件下转化而来的，又会向另一种形态（例如温带气旋）转化。所以，台风的形成、发展和衰减的转化，是大气运动无限循环中的重要一例。

那么，台风究竟是怎样形成的，形成以后又是怎样发展、衰减的呢？

1. 台风的发源地

台风是热带海洋上的"特产"。在纬度 5° ～ 25° 左右的热带海洋面上，经常发生台风的地区有六个：北太平洋西部菲律宾群岛以东、南海以及日本以南的海面上；美洲的墨西哥湾和西印度群岛一带；北印度洋孟加拉湾和阿拉伯海一带；南印度洋非洲东岸的马达加斯加岛附近；北太平洋中美洲西岸海面上；澳大利亚的东岸和西北岸海面上。因此，在全球的热带海洋上，除了南大西洋、西经 140° 以东的南太平洋、北太平洋中部和赤道两侧 5° 以内的海区很少发生台风以外，在其他海区航行的船只，都要注意台风的袭击。

台风的源地与活动范围

名称	源地	活动范围	
		纬度	经度
台风	北太平洋西部（菲律宾群岛以东和加罗林群岛附近海面）	北纬 10° ～ 20°	东经 125° ～ 150°
	北太平洋西部的南海	北纬 18° ～ 22°	东经 112° ～ 118°
		北纬 12° ～ 16°	东经 114° ～ 118°
飓风	北太平洋东部（墨西哥西岸）	北纬 8° ～ 20°	西经 85° ～ 130°
	北大西洋西部（墨西哥湾和加勒比海）	北纬 8° ～ 22°	西经 25° ～ 75°
气旋	北印度东部（孟加拉湾）	北纬 8° ～ 20°	西经 80° ～ 100°
	北印度洋西部（阿拉伯海）	北纬 8° ～ 22°	东经 55° ～ 80°
	南印度洋西部（非洲东岸）	南纬 5° ～ 18°	东经 50° ～ 100°
热带气旋	南太平洋西部（澳大利亚东岸）	南纬 8° ～ 20°	东经 145° ～西经 165°
	南印度洋东部（澳大利亚西北岸）	南纬 8° ～ 22°	东经 110° ～ 140°

影响我国的台风，大多发生在北太平洋西部，北纬 5° ～ 20° 的热带洋面

上。它的源地有三：一是菲律宾以东海面，二是加罗林群岛，位于菲律宾以东，距我国东南沿海约3000千米附近海面，三是南海。三个源地中以加罗林群岛附近发生的次数最多，菲律宾以东次之，南海较少。

人们通常把发源于菲律宾以东和加罗林群岛附近海面的台风称为“太平洋台风”。它一般发生在北纬10°～20°、东经125°～150°的范围内。发源于南海的台风称为“南海台风”，生成的区域在北纬12°～22°、东经112°～118°范围内。

2. 台风形成和发展的条件

在热带洋面上，如果某一海区吸收太阳光热较多，海水温度升高，就有大量水汽蒸发到大气层中。这个小区域里的空气受热后，体积膨胀，重量减轻，就产生上升运动，而周围较冷较重的空气便流进来填补（空气辐合运动）。这些填充进来的空气又很快地受热、膨胀、变轻、上升，使上升气流越来越大。上升的空气到达高空后，就向四面八方扩散开来（空气辐散运动）。这些向四周扩散的空气变冷后再降下来，于是就形成了一个垂直方向的循环现象，叫作对流，也就是我们前边讲到的“热机”作用。这种对流现象，在条件具备的情况下，将不断地进行。由于空气不断上升，造成了气压降低，而上升的空气到高空向四面扩散下沉，又使区域四周气压升高，因此在这个区域就形成了一个弱的涡旋系统，这就是热带低气压或称热带扰动，也就是台风的前身。

太平洋台风生成次数分布（1949—1969 年）

北纬＼东经 次数	120° ～ 125°	125° ～ 130°	130° ～ 135°	135° ～ 140°	140° ～ 145°	145° ～ 150°	150° ～ 155°	155° ～ 160°	160° ～ 165°	165° ～ 170°
30° ～ 25°	1	7	7	4	6	4	2	4	2	1
25° ～ 20°	4	11	10	7	12	7	0	7	0	1
20° ～ 15°	9	30	20	28	17	18	8	4	2	3
15° ～ 10°	7	22	38	19	31	26	8	7	1	1
10° ～ 5°	1	5	10	15	13	14	10	3	4	7

南海台风生成次数分布（1949—1969 年）

北纬＼东经 次数	108° ～ 110°	110° ～ 112°	112° ～ 114°	114° ～ 116°	116° ～ 118°	118° ～ 120°
24° ～ 22°	0	0	0	0	0	0
22° ～ 20°	2	0	0	3	9	2
20° ～ 18°	0	0	5	5	5	3
18° ～ 16°	2	3	4	4	4	3
16° ～ 14°	0	0	1	4	7	3
14° ～ 12°	0	2	4	6	2	0
12° ～ 10°	0	0	1	3	1	1
10° ～ 8°	0	0	1	0	0	1

气象卫星观测表明，在全球热带洋面上，每年平均有几百个热带扰动发生，但其中大约只有十分之一发展为台风，其余大部分发展到一定程度就消失了。

那么，人们自然会问：台风的形成和发展需要具备哪些条件呢？

一般认为，台风形成和发展需要有合适的环境条件和产生弱涡旋的热带流场。合适的环境条件主要是高温洋面、纬度因素、微弱的气流垂直变化（简称垂直切变）等。

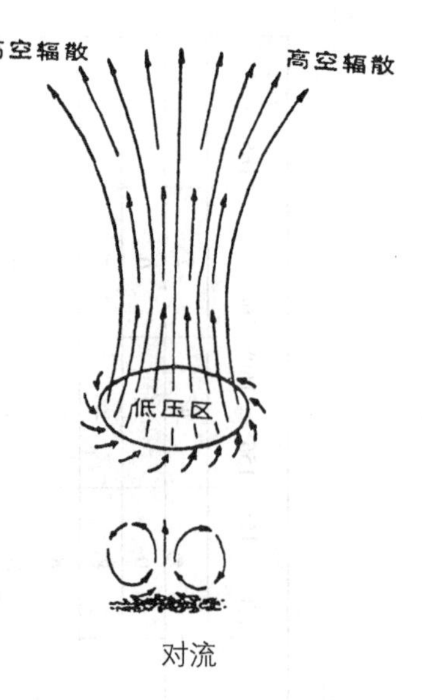

对流

高温洋面，这是形成台风的能量源地。有人估计过，一个较强台风所具有的能量，大约相当于200颗原子弹的威力。这能量主要是太阳辐射加热海水后通过水汽输送来的。我们从物理学中得知，要使一千克水蒸发而变成相同温度的水汽，需加给它 2.25×10^6 焦耳的热量。相反地，当这部分水汽凝结还原成一千克相同温度的水时，这些热量就要释放出来。这部分热量用专门仪器可以测出来，气象上称它为水汽中的潜热。自然界里的水变成水汽时所需要的热量，主要由太阳来供给。平时我们看到，阳光越强，田里的水干得越快，也就是这个道理。

在热带洋面上，太阳照射猛烈，海水受热大量蒸发成水汽时，巨大的太阳热量就被水汽带到大气低层中储藏起来。当上升运动把水汽带到高空，水汽发生凝结时，这些储藏着的能量便释放出来，这就是产生台风的能量来源。据观测，水温为26℃以上的广阔洋面，台风容易形成；小于26℃，台风不易发生；当海面水温达29～30℃时，极易发生台风。

合适的纬度位置是台风形成的一个必要条件。我们知道，地球每时每刻都在不停地自转，包围着地球外面的空气也跟着地球在旋转。在赤道地区，空气随着地球转动而移动得比较快；在南、北极附近，空气随着地球转动而移动得比较慢。这样一来，地球上流动的空气，受地球自转的影响就发生偏转现象。在北半球向气流方向的右边偏转，在南半球向左偏转。

为了说明地球自转影响空气流动的作用，我们设想北半球有一地点为 P，该地的地理方位东、南、西、北分别用 E、S、W、N 表示（如下图所示）。假使空气由 P 向 S 方向运动，由于地球自转的结果，当 P 转到 P' 的位置时，其地理方位东、南、西、北就变为 E'、S'、W'、N'。这时整个大气虽然也伴随着地球旋转，但运动的部分却仍然按照原来的 PS 方向运行，即在 P' 地是 $P'S''$ 的方向运行（$P'S''$ 平行于 PS），因而在 P' 点，观测者看到空气离开 $S'N'$ 南北线而向右偏移（观测者背风而立）。同理，如果空气从 P 地沿着 PN 的方向流动，当 P 转到 P' 时，则向 $P'N''$ （$P'N''$ 平行于 PN）方向偏移，即离开 $P'N'$ 而向右偏的现象。这种由于地球自转而产生的偏转现象可以认为是受一个力的作用，这个力就是地球自转偏向力。

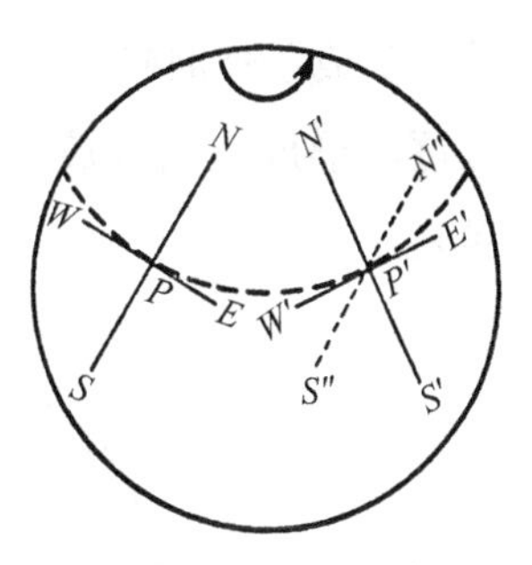

地球自转的偏向作用

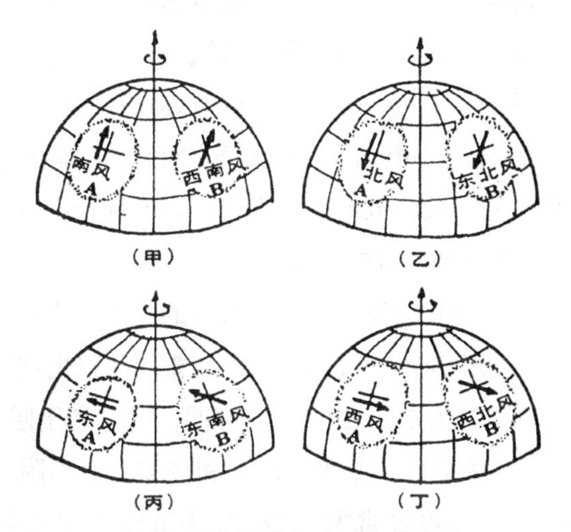

北半球风向随地球自转向右偏转

地球自转偏向力的性质主要有四点：一是在北半球，地球自转偏向力使运动物体向右偏；在南半球则向左偏；二是地球自转偏向力作用的方向与物体运动的方向始终相互垂直，所以这种偏向力只能改变物体运动的方向，而不能影响物体运动的速度；三是物体运动的速度越大，则产生的地球自转偏向力也越大；四是地球自转偏向力随着纬度的增高而变大，极地最大，赤道最小（等于零）。

在地球自转偏向力的影响下，在北半球，在高气压里，风本来应该是从高压中心直接向外吹的，但由于向右偏转，结果变成顺时针方向旋转而稍向外吹；而在低气压里，风本来应该是从周围直吹向低压中心，也由于向右偏转，变成了逆时针方向旋转而稍向里吹，结果从四面八方流向中心的空气，就逐渐形成空气涡旋。同样的道理，在南半球流动的空气，也会形成空气涡旋。

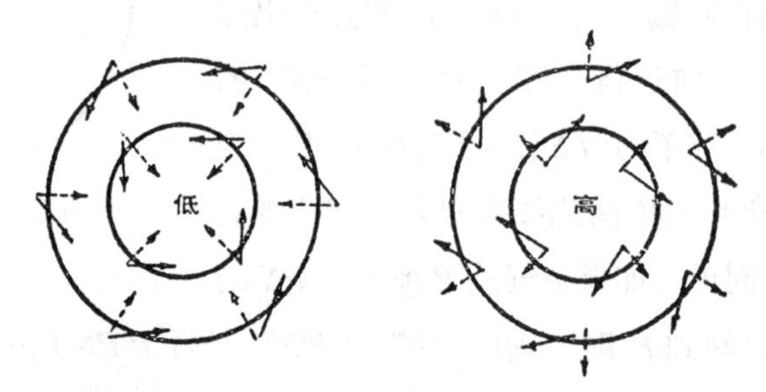

北半球高气压和低气压里风向偏转情况
（虚箭头表示原来方向，实箭头表示偏转方向）

由于在赤道上地球自转偏向力为零，所以赤道附近地区，地转偏向力很小，那里不容易形成空气涡旋，不能发生台风。像印度尼西亚、马来西亚等靠近赤道的一些国家，就很少有台风出现。1951 年 4 月在马绍尔群岛附近离赤道约 200 千米发现的一个弱气旋，是至今台风所处纬度最低的唯一纪录。在高纬度，海水温度低，也不会发生台风。据统计，台风绝大多数发生在纬度 5° ～ 20°，尤以 10° ～ 15° 为多。

上下层之间气流性质变化很小，或者微弱的气流垂直切变，有利于台风中心整个气柱加热。如果高低空气的垂直切变微弱（风向或风速随高度变化小），凝结释放出的潜热集中于台风中心附近，就有利于暖空气柱的形成，使“热机”（台风）运转更快。菲律宾以东和加罗林群岛附近，以及南海地区的海面上，夏季海水温度经常大于 28℃，风的垂直切变微弱，所以是世界上台风发生的主要源地之一。

台风的发生还需要有合适的流场。这种流场，一般有以下三种系统。

一是热带或赤道辐合区。夏季北太平洋西部的低纬赤道附近经常吹西南风，而北侧副热带高压区又有吹向低纬的东北信风。西南季风和东北信风两股气流相遇或辐合的区域就是赤道辐合区。在辐合区中，风的水平切变最大，气流辐合最强，极易产生弱涡旋。根据 1970 年以来的统计，我国编号的西太平洋台风，平均每年有 80% 是由赤道辐合区中的弱涡旋发展而成。尤其当赤道辐合区两侧季风和信风一次全线加强，可使赤道辐合区中的几个弱涡旋连续发展为台风。这是多台风发生的环流背景。

二是东风波。副热带高压南侧的东北信风区域中，经常产生波动，这种波动沿东风气流西行到合适的环境区域，会发展成台风。其中，东风波移到赤道辐合区，两个系统相互结合，发生台风的可能性会更大。北太平洋西部地区比较典型的东风波，在夏秋过渡季节，常常可以传播到我国东南沿海。在这期间，侵袭我国东南沿海的小型台风和热带风暴，有不少是从东风波里发展起来的（北太平洋西部地区影响我国的台风，约有 25% 是在东风波里形成的）。

三是冷空气激发作用。在一个弱涡旋西行过程中，如有弱冷空气扩散南下，使涡旋南侧的西南季风暖湿气流上抬，有利于对流发展，潜热释放，弱涡旋中心更加变暖。不过，这种冷空气如果太强，或侵入中心，弱涡旋反而会被破坏。冷空气激发作用，在春秋两季，对南海台风的发生起重要作用。

据统计，全球约有 83% 的台风形成在赤道辐合区内，15% 形成在东风波里，1% ～ 2% 形成在其他系统里。

3. 台风的生命过程

台风的生命过程，一般可以分为发生、发展、全盛、衰弱四个阶段。平均“生命期”为八九天，个别的长达一个月之久。它的大部分“生命期”是在海洋上度过的。

在一个高水温的热带洋面上空，如果有一个弱的热带气旋式系统（热带低压）产生，这是台风的幼年期——发生阶段。一般说来，在这个阶段，雨量比较小，风力不大。当这个热带低压移动到合适的环境下，因摩擦作用使气流产生向弱涡旋内部流动的分量，把大量热量和水汽带入涡旋内部。湿热空气辐合到弱涡旋中心，产生上升和对流运动，释放潜热，加热涡旋中心上空的气柱形成暖心。由于涡旋中心变暖，空气变轻，中心气压下降，低涡变强，低空暖湿空气辐合加强，更多的水汽向中心集中，对流更旺盛，中心变得更暖，气压继续下降。如此循环，直至发展为台风。

因此，台风形成所需要的环境条件和弱涡旋，两者是相互关联的。只有合适的环境条件，而没有弱涡旋，那么，台风是发展不起来的；有了弱涡旋，但环境条件不合适，弱涡旋将自行消亡，也不会发展成台风。

台风形成后，一般会继续发展、加强。继续加强的台风，中心气压不断下降，风速不断增大，直到中心气压最低、风力达到最大为止，这是台风的青年期——发展阶段。在这一阶段，台风内部的水汽凝结成云雨最旺盛，螺旋形云带发展迅速，在台风眼外围形成云墙，释放潜热最多，也是台风能量储积最多的时期，并伴有狂风、暴雨，登陆时还可能发生风暴潮。

台风发展到最强时，中心气压不再下降，风力不再增强。“云墙”有时继续扩展，平均半径几百千米，宽的近1000千米，甚至更宽。这是台风的壮年期——全盛阶段。这一阶段的台风登陆时危害大，影响范围广。以后，台风渐渐衰减，进入“生命史”最后一个时期——衰亡或变性阶段。

台风“生命史”的最后阶段，通常有两种情况。一种情况是台风登陆后，失去了维持对流所需的热源，陆地的摩擦又比海洋大，因此，台风就逐渐减弱以至最后完全消亡。另一种情况是，台风移往亚热带和温带地区，受冷空气的影响，它的性质不断发生变化，最后转变为温带气旋，继续向高纬度方向移去。另外，当台风的外界条件改变，如高层的扩散条件没有了，不但上升气流减弱，甚至还有空气下沉，台风也会很快衰减。

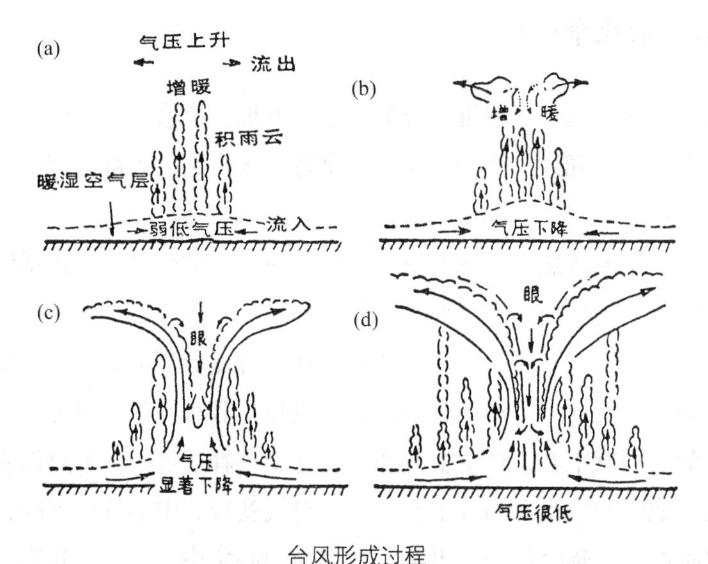

台风形成过程

（a）发生阶段；（b）旋涡中心变暖；（c）台风形成；（d）发展阶段

（四）台风的移动

台风生成以后，如同小孩玩的陀螺那样，一面旋转，一面向前移动。近百年来，气象工作者把千百次台风移动的情况做了比较，发现台风移动的情况虽然不一样，但移动路径却有共同的规律。

1. 台风移动的路径和速度

在北太平洋西部地区，台风常是先向西或西北方向移动，后转向北或东北方向移动。移动路径大体呈抛物线状。当然有的台风基本上是自东向西移动的。对我国有影响的台风，大致有三条基本路径。

第一条是西行路径。台风从菲律宾以东海面一直向西移动，穿过巴林塘海峡、巴士海峡或菲律宾进入南海，然后在我国海南岛或越南登陆。有时，进入南海西行一段后，再向北移到我国广东省登陆，对我国影响较大。

第二条是西北行登陆路径。台风从菲律宾以东洋面一直向西北方向移动，穿过琉球群岛，在我国浙江、江苏或上海市沿海登陆；或者向西北偏西方向移动，在我国台湾登陆后，穿过台湾海峡，在浙江、福建或广东省东部沿海登陆。登陆后的台风，有的在大陆上消失，有的扫过大陆边沿而后又移到海洋上。走这条路径的台风，对我国影响范围大，危害严重，特别是对我国华东地区影响最大。

第三条是海上转向和北上路径。台风从菲律宾以东海面向西北方向移动，走过一段路程后，在北纬 25° 附近的海上转向东北，朝着日本方向移去。如果台风中心在东经 125° 以东转向，对我国影响不大；在东经 125° 以西转向，我国华东沿海地区风力较大。这条移动路径呈抛物线形状，是最常见的路径。但有些台风并不转向东北，而是继续北移，最后在我国山东省或辽宁省登陆，对我国影响很大，如 1972 年 7 月 8 日的 7203 号强台风。

在南海地区发生的台风，路径不规则。从一些年份的南海台风移动路径来看，基本上偏西北行路径多一些。

实际上，台风的移动还有许多奇异路径，如打转、方头路径等。上面所说的西行、西北行、海上转向和北上三条路径，只是典型的情况。

一般说来，在6月份以前、9月份以后，台风主要走西行、转向路径。7—8月份，台风主要走西北行的登陆路径，也最复杂。台风在我国登陆的地点，经常在温州到汕头之间，约占登陆台风总数的50%；其次是汕头以南登陆的情形，约占35%；温州以北登陆的情形比较少，只有15%。

在一个台风的整个行程中，速度有快有慢，平均每小时约25～30千米。转向台风，最初向偏西或西北方移动，平均速度每小时约20千米，相当于骑自行车的速度；以后逐渐转向偏北移动，速度减慢下来；到转向点附近，速度最小，平均速度每小时为10千米，只相当于马车或人快速步行的速度，个别台风甚至出现原地打转或停滞少动的现象。当过了转向点，台风向东北方移动时，速度飞快加大，平均速度每小时可达30～40千米，相当于汽车的速度。上述是一般常见情况，因为，每个台风移动的速度不完全一样。比如，台风从菲律宾附近海面移到我国浙江沿海一带，快的走两三天，慢的要走上五六天才能到达。

2. 台风移动的动力

台风移动的动力，大体分为内力和外力两种。所谓内力是指台风涡旋内部的环流，外力是指四周气流的分布。台风的移动就是这种内力和外力互相作用的结果。

台风的内力是因台风涡旋内部所受的地转偏向力南北分布不均而产生的。如图所示，假定台风范围内切向风速的分布是对称的，*C*、*D*点纬度相同，所产生的地转偏向力大小相等，方向相反，对整个台风来说，这两个力正好互相抵消。从台风南半圆和北半圆比较，*A*点的纬度比*B*点高，*A*点的地转偏向力就比*B*点大，于是对整个台风来说，就产生了一个指向北方的净力。台风受这个力的作用就向北移动。这个力的大小和台风的强度、范围大小成正比，即台风越强（风速越大），范围越广，台风向北移动就越明显。相反，台风越弱，它向北移动的就越不明显。

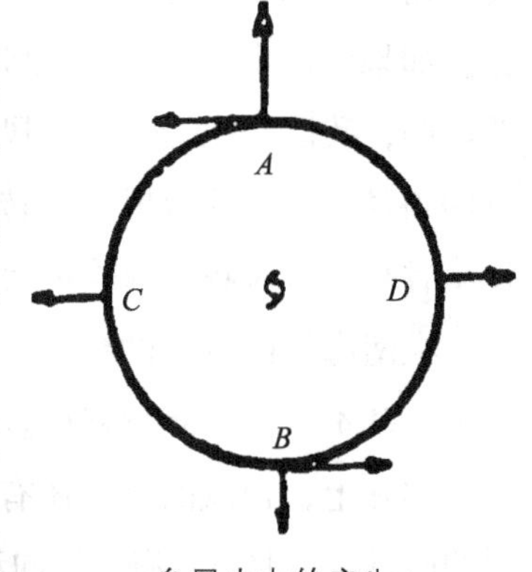

台风内力的产生

当然，实际上台风的风速分布并不是对称

的。台风在副热带高压南侧时，台风北面与副热带高压相邻，气压差比较大，所以台风的北半圆不仅所在纬度比南半圆高，地转偏向力大，而且切向风速也比南半圆大，内力作用更为明显，增强了台风偏北移动的动力。

台风形成后，一方面受台风涡旋内部环流影响有向北移动的趋势，另外还受四周气流的影响。像河流中的一些小涡旋跟随河水一起流动一样，台风是大气环流中的涡旋，它受周围大范围气流的牵引而移行。台风移动的外力，主要就是这种气流对台风涡旋的引导作用。气象上把牵引台风移动的这种强大气流叫引导气流。

夏季，太平洋副热带高压脊线的位置在北纬30°附近，而在北纬5°～20°生成的台风，正处在副热带高压的南侧，受东风气流的牵引，向偏西或西北方向移动。

如果台风在向西移动的过程中，它的北侧始终维持着一个东西向的副热带高压整体，台风就会沿着副热带高压南侧的偏东气流，一直向西移动，成为“西行台风”。

如果副热带高压西伸时，分裂成两环：一环在我国东侧的海洋上，一环在我国大陆上，那时在我国东部沿海地区形成一个缺口；或者台风在向偏西方向移动的过程中，在我国东部沿海地区，副热带高压发生断裂，也逐渐形成一个缺口。这样，台风就会由向偏西方向移动，逐渐转变为向西北方向移动，在我国东部沿海登陆，成为“登陆台风”。

如果太平洋副热带高压位置偏东，或者副热带高压分裂，一环在我国的沿海地区，一环在比较偏东的洋面上，缺口出现在东海海域东部上空。那么，台风先向西行，逐渐转向西北、偏北方向移动。当台风位置移到副热带高压的西北侧或北侧时，它就处于副热带高压以北强劲的西风气流中。台风受强西风的推动，很快向东或东北方向移去，这就是“转向台风”。

所以，日常见到的台风，大体是随着引导气流移动的。

其实，台风是一个呈逆时针旋转（气旋式）的气流运动体。当这种旋转运动迭置在引导气流上时，两种气流作用的结果导致台风在基本路径上左右摆动，甚至出现打转的现象。

台风的运动，除了受内外力作用外，有时两个台风还相互作用。如同江河中两个靠得很近的涡旋，会互相绕着转一样，台风也有类似的情况，如西太平洋上常出现两个台风互相牵制运动的现象，这叫双台风作用。

双台风作用的表现，一是互旋运动，二是互吸作用。

互旋运动。当两个台风足够接近时，一个台风的环流对另一个台风的运动产生转动影响，因此互旋运动的方向通常与台风环流的旋转方向一致，即互为逆时针方向旋转。当两个台风大小和强弱不同时，旋转中心就偏在范围较大、强度较强的那个台风一边。在这种情况下，大台风的转动位移较慢，小台风则较快，只有当两个台风大小和强度相等时，才对称旋转。其次，双台风距离越近，互相旋转越快；反之就慢，甚至互不起作用。有人曾对北太平洋西部双台风做过统计，一般当两者距离缩短到1500千米以内时，互旋现象就比较明显了。当两个台风互相接近时，每个台风上空都受到另一个台风涡旋环流的影响，因此作气旋式的旋转。如果两个台风的强度相差十分悬殊，弱台风只是单独绕强台风转动。

互吸作用。单个台风，辐合层里气流的分布大致是对称的。当两个台风中心比较靠近时，涡旋之间内侧各点的辐合气流减小，靠得最近的点，风速最小，而涡旋外侧的风速仍旧较大，气流呈非对称分布。这就使每个涡旋产生一个指向另一涡旋的净余“力”，这个净余“力”的作用就使双台风的距离逐渐缩小，产生互吸现象。1964年8月中旬，琉球群岛附近洋面上就出现了一次十分典型的双台风互旋互吸过程。这两个台风是6413号和6414号台风。8月16日，当这两个台风中心相距900千米时，急速互旋；17—19日，在琉球群岛附近一面旋转，一面逐渐靠拢；到20日早晨，终于合并在一起了。

此外，非气象因素对台风移动也有影响。例如，有些台风靠近岛屿与海岸时，出现加速的现象。在引导气流微弱时，台风经常沿着暖海水区移动，而避开冷海水区。当暖水区被冷水区包围时，台风经常在暖水区打转。近年来，台风冷尾流区[①]对另一个尾随台风路径的影响受到重视。统计和经验表明，如果连续两个台风出现，当引导气流微弱时，后一个台风的移动路径总是明显地避开前一个台风的冷尾流区。

影响台风移动的因素是多方面的，其中大范围引导气流是主要因素。但

---

① 台风形成后，强烈的大气涡旋将诱导北方气流南下，使表面海水辐散，导致表面以下的海水向上涌升，冷的海水升至表面，温度下降的幅度有时达3℃以上，形成所谓台风冷尾流区。

是，矛盾的主要方面和非主要方面，在一定条件下可以相互转化。当引导气流强盛时，台风移动规律性好；当引导气流很弱时，台风移动多数比较复杂，有的左右摆动，有的停滞打转，等等。

3. 台风活动的季节

台风一年四季都可能发生。形成台风的能量来源于太阳辐射。随着四季往复变化，太阳辐射的强弱，热带海洋的温度，一年内也有变化。例如，西太平洋，平均温度高于 26 ～ 27℃ 的区域，1 月份位于赤道及其以南的洋面上，到了 7 月份，就扩展到北纬 28° 附近。根据台风产生的温度条件，它在冬春季节只产生于北纬 15° 以南的洋面上，远离我国大陆。夏季前后，尤其是盛夏时节，在北纬 30° 附近洋面上都有台风产生，非常靠近我国大陆。根据我国气象部门对新中国成立后 21 年（1949—1969 年）的统计，平均每年在北太平洋西部和南海发生的台风共有 29 个，最多的一年（1967 年）达 40 个，最少的一年（1951 年）只有 20 个。

太平洋台风 8 月最多，2 月最少。每年 7—10 月发生的台风，占全年台风总数 70%，而 1—4 月只占 7%。南海台风 6—9 月发生的台风占南海全年台风总数 70%；1—4 月发生的台风占全年的 1% ～ 2%。

由于大范围引导气流随季节变化发生南北移动，因此，各月台风移动路径就有明显差别。北太平洋西部发生的台风，能直接在我国登陆的，大约只占 23%，主要在 7、8、9 三个月。6 月份，台风偏北移动比较多；10 月份，偏西移入南海和中印半岛，或偏东移入朝鲜、日本。

从下图可以看出，12 月中旬至第二年 4 月没有台风在我国登陆，因为这时台风不易跋涉千里冷洋面，我国大陆又正值寒冷时期。8 月份登陆我国的台风最多，因为这时常有一些台风产生在距我国大陆不远的洋面上。就全年来说，7、8、9 三个月登陆我国的台风，约占全年登陆总数的 70%。这时，我国北起辽宁，南至广东、广西沿海，都易受到台风影响。1949—1969 年的 21 年里，登陆我国的台风总数有 203 个，平均每年约有 10 个。

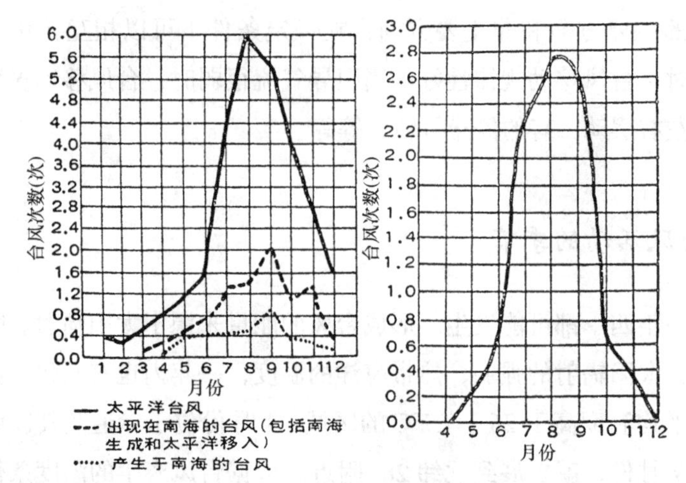

台风发生次数月平均曲线（左），各月在我国登陆台风平均次数曲线（右）

事实上，登陆我国的台风，有的年份与常年状况有出入。例如 1951 年，台风登陆次数是 6、7、9 月各 2 次，8 月 3 次，10 月反而达 4 次，成为全年最多月份。又如，6720 号、7220 号台风都是 11 月在广东登陆，登陆时最大风力分别为 10 级和 12 级。

在我国，台风一般 5 月份开始在汕头以南沿海登陆。6 月以后，登陆点向北扩大到温州。7 月在温州以北登陆的次数增多。这时从广东、广西沿海，直到黄河下游各省沿海，都有台风登陆，闽浙一带是它的主要通道。8 月份是台风在我国登陆最多的时期，影响范围也最广。南起广东、广西沿海，北到黑龙江省南部，西到郑州、武汉，都受台风影响。8 月下旬登陆点开始南移。9 月份南移到长江下游和珠江之间。这时出现的台风，路径偏东偏南，登陆机会不多。10 月以后，副热带高压更南移东退，很多台风在海上便已转向，温州以北登陆的台风很少见。11 月以后，有时在海上有台风活动，可能影响汕头以南的地区。

台风在我国登陆的时间有早有晚，有时与常年状况也有很大出入。例如，1954 年 5 月 11 日，台风在海南岛东南部陵水到崖县一带登陆，台风中心附近最大风力 12 级；而 1974 年 12 月 2 日在广东台山登陆，台风中心附近最大风力 9 级以上[①]。

在全球海洋上，每年发生的台风数目，因许多条件而异。北太平洋西

① 这次 7427 号台风登陆日期，比 1939 年 11 月 24 日在我国台湾省南部登陆的台风晚 8 天，比 1950 年 11 月 23 日在海南岛万县登陆的台风晚 9 天。

部，有些年份可发生40个左右的台风，平均一星期就有一个台风发生，而有些年份又只发生十几个。在北大西洋西部的墨西哥湾和加勒比海地区，1922年只有2个台风出现，可是1933年竟达21个。全世界每年大概要发生80个台风，北太平洋西部最多，每年约30个；其次是北太平洋东部，每年约14个。北半球每年发生台风约58个，比南半球（21个）要多一倍以上。

全世界海洋上的热带气旋（台风）活动季节下表所示。在北半球，北大西洋西部、北太平洋东部和西部，都是8—10月为台风盛行季节。印度洋的孟加拉湾和阿拉伯海较特殊，台风每年活动的盛季一个在5—7月，另一个在10—11月。在南半球，12月至第二年3月间台风最盛，因为这几个月在北半球是冬季，而在南半球却是盛夏。

全球台风的活动季节

名称	活动海区	各月出现的平均次数											
		1	2	3	4	5	6	7	8	9	10	11	12
台风	北太平洋西部（菲律宾以东、加罗林群岛附近洋面）	0.6	0.5	0.1	0.7	0.8	2.2	**5.4**	**6.6**	**5.4**	**4.0**	2.0	1.4
飓风	北大西洋西部（加勒比海、墨西哥湾）	0.1以下	0	0.1以下	0	0.1	0.4	0.5	**1.5**	**2.6**	**1.0**	0.5	0.1以下
	北太平洋东部（墨西哥西岸）	0.1以下	0.1以下	0.1以下	0.1以下	0.1	0.8	0.7	**1.0**	**1.9**	**1.0**	0.1	0
气旋	北印度洋东部（孟加拉湾）	0.1	0	0.2	0.2	0.5	0.6	**0.8**	0.6	0.7	**0.9**	**1.0**	0.4
	北印度洋西部（阿拉伯海）	0.1	0	0	0.1	**0.2**	**0.3**	0.1	0	0.1	**0.2**	**0.3**	0.1
	南印度洋西部（非洲东岸）	**1.3**	**1.7**	**1.2**	0.6	0.2	0.1以下	0.1以下	0.1以下	0.1以下	0.1以下	0.1以下	0.1
热带气旋	南太平洋西部（澳大利亚东岸）	**1.8**	**1.3**	**1.7**	0.5	0.1	0.1	0	0	0.1	0.1	0.2	0.9
	南印度洋东部（澳大利亚西北岸）	**0.5**	**0.6**	**0.6**	0.1	0	0	0	0	0	0	0	0.3

注：表中黑体阿拉伯数字表示盛行季节。

（五）台风的探测和预报

台风是一种灾害性天气。台风的探测和预报是我国天气预报业务的重点之一。对台风的活动及其影响准确地做出预报，在台风登陆前及时做好预防工作，就有可能减轻甚至避免台风带来的损失。近年来，台风的探测和预报业务已取得了不少进展。

1. 探测台风位置

要做好台风预报，必须及早地发现台风。那么，究竟怎样发现台风呢？

最早，人们是凭少数船舶或岛屿上的报告来判断台风位置的。在夏季，热带洋面上受副热带高压控制，特别在东北和东南信风汇合的地区，风力一般不大。可是，在台风产生的地区，风力明显增大，风向会有剧变，并伴有阵雨或雷雨。当船舶或在岛屿上遇到这种反常现象时，就判断附近海面上可能有台风产生了。不过，这种方法只能够粗略地知道附近有台风发生，对于台风的确切位置还难以判定。

自从 1943 年飞机第一次成功进入台风以后，飞机观测便成为探测台风最主要的方法了。平时，台风侦察飞机沿着某几条航线作例行飞行，飞行高度一般保持 3 千米左右。一旦发现台风，飞机就一天四次穿越台风中心，测定它的精确位置。飞机上带有探测仪器，装有雷达和照相机，用来测定台风范围内的各种气象要素，如温度、湿度、气压、风向和风速等；还可以从侦察飞机上投下降落式探空仪，测定各个高度上的气象要素，通过无线电装置自动拍发给地面。这种方法取得的资料比较准确，是预报台风移动的主要依据。

利用天气图上的记录确定台风的位置和强度，这个方法也比较有效。把世界各地同一时刻的气象资料填绘在空白地图上，画上等压线和“锋”（冷、暖空气分界线），标出各种天气区域的分布等，就成一张天气图。当发现在海洋上某处的等压线特别密集，像一个同心圆的样子，中心气压特别低，中心附近风速特别大，天气又恶劣，在那里就有一个台风存在。如果天气图上是按风向、风速分布画上气流线，这叫流线图或气流图。从图上气流显著汇合处，也可以发现台风的存在。但是，在辽阔的海洋上，船舶和岛屿气象站很少，所以只从天气图上不容易确定台风的位置，甚至还会漏掉。

产生在南海的台风，由于移动路径短，范围小（一般半径在300千米左右，小的只有百余千米），以致距中心100千米以外通过的船舶，如果不作严密的水文气象观测，又未收到气象台的警报，就往往不知道附近有台风存在。这种情况要特别注意。

探测台风的另一种工具是气象雷达。气象雷达向四周发射出无线电波，当电波触及到台风中心附近强烈的螺旋形雨带时，就反射回来显示在雷达荧光屏上，称为回波。根据不同时间的观测和回波的变化，可以确定台风中心的位置、台风区云层和降水的分布。气象雷达观测的范围一般在200～400千米。当台风移近大陆或岛屿时，它的位置一般都能用气象雷达确定。

1960年以后，人们开始利用气象卫星探测台风。在气象卫星上，用广角摄影机不停地向地球拍照，并通过无线电通信设备将图像发回地面。气象卫星能连续监视台风，观察全貌，随时了解台风的动向和变化。但在台风眼生成前，只凭经验及几种模式来确定台风位置，有一定误差。

2. 天气图预报台风

在天气图预报方面，人们探讨了台风发生、发展的物理机制，研究了台风同太平洋副热带高压、高空槽脊等天气系统之间的关系，建立了一系列台风预报模式，使台风预报的准确率有一定提高。根据天气图的分析来预报台风的移动路径、移动速度和强度的变化，通常应用的方法有引导法、相似法和外推法。

引导法 台风是热带东风气流带中的涡旋，受大范围气流带的引导，自东向西移动。但当引导气流发生转弯时，台风就会出现如下图所示的两种动向。我国气象部门就是主要依据引导原理做台风路径预报的。统计试验表明，台风移动的方向只是大体上沿着引导气流的方向，因为，它有时偏于引导气流方向右方一些，有时偏于左方一些。

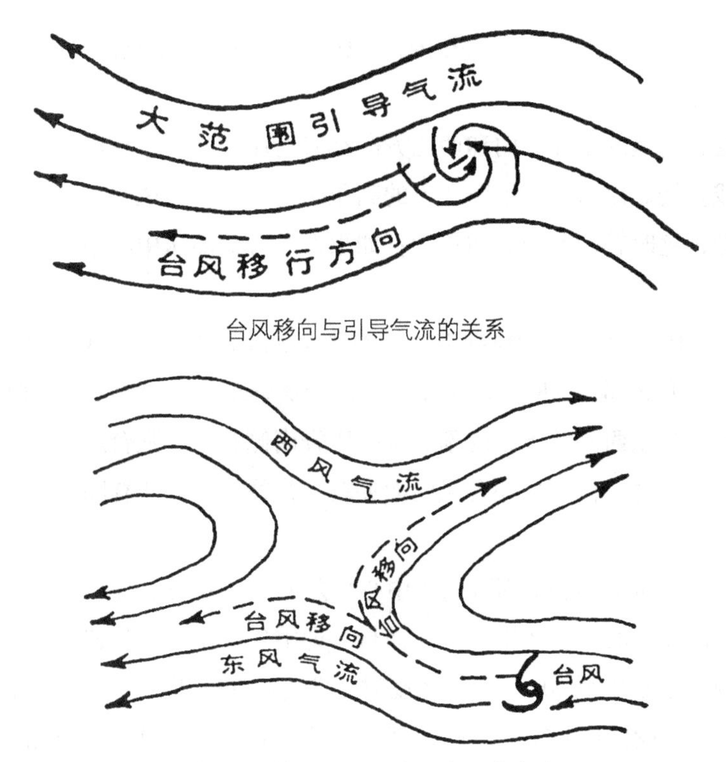

台风移向与引导气流的关系

引导气流转弯与台风移向的两种关系

在北太平洋西部，采用引导法做台风路径预报，有以下八个方面。

第一，副热带高压成东西长条状，高压中心又处在台风中心北面，距台风中心在10个纬度以上时，台风多数受副热带高压南侧东风引导，向偏西方向移动。

第二，台风移到副热带高压中心的西南方向时，引导气流变成东南风，台风则转向西北方向移动。如果这时副热带高压中心西伸，台风可继续往西移动。

第三，位于两个高压中心之间的台风，由于东西两侧的外力方向相反而互相抵消，台风靠内力作用向偏北方向移动。

第四，台风和副热带高压处在相同纬度时，台风西北方有西风带低压槽[①]移来，台风将受槽前西南气流引导，移向东北方；如果台风西北方移来

① 指低气压中心向外伸展的部分，中间气压低，两侧气压高，所以叫“低压槽”。西风带低压槽就是温带西风带向东移动时发生的低压槽，它的前部多吹西南风。

变性高压[①]，并将并入副热带高压内，形成一个东南—西北向的高压脊[②]，台风折向西北方。

第五，台风的东北方向和西北方向都有高压中心时，台风往往在原地缓缓摆动或打转。以后，如果西北方的高压中心东移，台风受高压南侧的东北气流引导，这时就向西南方向移动；如果西北方的高压中心南移，台风就移向北方。

第六，10—11 月，台风在南海，如遇大陆冷高压向南迅速移动，前方冷空气占领南海北部，这时台风常受冷高压南侧强东北风引导而移向西南方。

第七，当东西向长条状的副热带高压脊南侧有一较强台风，北方有西风带低压槽移过时，低压槽和台风两面夹攻，往往促成高压脊断裂，台风从断口处北上。

第八，台风中心和地面冷高压中心相差 15 ～ 20 个经度或 15 ～ 20 个纬距以上时，高压中心与台风中心相向而行，即沿着两个中心的连线面对面地移动。当两个中心相距 10 ～ 15 个经度时，两者移速减慢，台风北移分量增大；当两个中心相距 10 个经度以内，甚至几乎在同一经线上时，则相反而行，即高压向东，台风向西；高压向南，台风向北。

相似法　这种方法是依据这样一个假设，即目前这个台风的移动路径和速度，跟该月或 10 天内在相同纬度或经度上出现的台风移动路径和速度相似时，未来移动情况仍将相似。这种方法在天气形势稳定阶段，预报 1 ～ 3 天内台风动态，效果尚满意。一旦天气形势急变，这个方法误差就较大。各气象台制有一套有关台风的气候图集，供预报时应用。这套图在暂时没有其他气象资料的条件下更为有用。

外推法　台风在一定时间内的移动路径、移动速度和强度的变化，通常是比较连贯的、渐进的，因而可以运用它在过去一段时间里的路径、移速和强度的变化规律，顺时外延，推断出台风未来的变化动态。这种预报方法就叫作外推法。

如下图所示，前 12 小时、前 6 小时台风中心位于甲和乙处，中心气压

---

① 大陆冷高压移到南方时，由于环境改变，变得不太冷，甚至变暖了，这种高压叫“变性高压”，它的性质和副热带高压接近，所以往往并入副热带高压里面去。

② 指高气压向某个方向伸出去的一部分，同山脉相比拟，故名。高压中心像山峰，延伸出去的部分像山脊，被称为高压脊。在高压脊（楔）控制时，空气流动情况同高气压一样。

为 986 百帕、985 百帕。当时台风中心位于丙，中心气压为 984 百帕。可见过去 12 小时内，台风中心的移动路径、移动速度和中心气压的降低值，没有什么变化。因此，可以预报再过 6 小时以后，台风中心到丁的位置（由丙到丁的距离 $S_3=S_2=S_1$），中心气压将降低到 983 百帕。

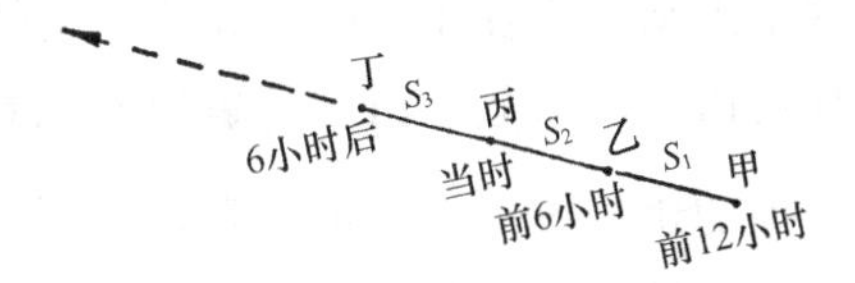

台风动态直线外推法

又如下图所示：某日 2—8 时，台风中心向西北方向移动，速度是约每小时 28 千米。但从 8—14 时起，它改向西北方向移动，速度减慢为约每小时 24 千米。2 时、8 时和 14 时的台风中心气压分别为 997 百帕、990 百帕、985 百帕。这时如果外推它在 20 时的中心位置，就不能用上面所说的直线法，而应该是顺着路径的曲线把未来的路径再右偏一些（偏的角度 α_2 是 8—14 时的方向线和 14—20 时的方向线的夹角），移动的距离也不能再等于 8—14 时的距离，而应该按 $S_3=S_2+\frac{1}{2}(S_2-S_1)$ 计算。把 S_3 这个距离标在未来路线上，便得出 20 时的台风中心的估算位置。

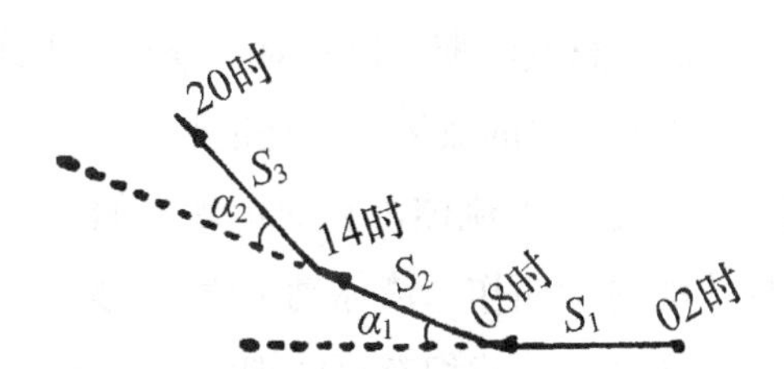

台风动态曲线外推法

应用外推法做预报比较简单。如果影响台风移动的一些因子没有改变，用外推法预报 12 小时的台风动态，比其他方法效果好；如果台风处在生成和消失阶段，或速度和强度突然发生变化等，预报便会失效。

3. 客观定量预报台风

新中国成立以来，我国气象部门在台风移动问题的研究上取得了不少成果，台风路径的预报向客观定量化的方向迈进了一大步。这种预报方法是通过一定的转换，把台风路径预报问题化为数学问题，然后用计算的方法做出定时、定量的预报。只要使用相同的数学方案和相同的资料，不论由谁来做，都只能得出一个预报结果。这种预报方法需要在极短时间完成复杂的运算，只有电子计算机才能胜任这项工作。它把经过数学上“最优化”处理的预报结果准确无误地展示出来。它在 1 小时内完成的工作量，如果用手工计算，往往要花费数年甚至更长的时间。电子计算机的不断革新和完善，带来了台风路径客观定量预报的迅速发展。目前，在台风路径客观定量预报方面已经取得良好成效的，一是数理统计预报，二是流体动力预报。

数理统计预报 这种预报方法的基本原理，是从大量历史资料中运用数理统计原理寻找统计规律或统计关系，然后依据这些规律或关系进行预报。它的一般程序是：从过去台风移动的大量资料中，经过分析和研究，选出几个与台风移动有密切关系的物理因子（称为预报因子），用这些预报因子和过去的台风移动的方向和速率，求出统计学上的回归曲线或回归方程，应用于所要预报的这个台风的活动状况，便能得出它的移动方向和速率。统计预报的计算过程大都是在电子计算机上进行的。

统计预报的主要困难，在于所要预报的台风的移向、速率和预报因子之间的物理机制不清楚，不能提供台风动态的全部信息，不容易报出历史资料所没有的个例。在大气形势急变时期，以及对于分布在界线（计算边界和类型界线）附近的台风，这种方法的效果并不是很好。

流体动力预报 大气是一种流体，它的运动遵循着一般流体的运动规律。研究流体运动规律的科学叫作“流体动力学”。现在，流体动力学已经建立了比较完整的理论体系，使我们有可能把它作为研究大气运动的基础。依据流体力学理论来预报台风移动的动力模式可分两类。

第一类，把整个台风环流系统假定为质点（点涡），它的移动受基本流场引导。如果预报出形势场，就可得出台风的预报路径。这个方法要抓住两个关键：一要用一套描述低纬大气运动性能较好的数值预报方程来预报形势场；二要考虑除引导作用外其他因素对路径的作用，使引导所得的预报位置与实际位置产生的偏差，订正到引导预报的结果中去，可以提高预报效果。这个预报方法操作简便。

第二类动力法，可以考虑台风环流系统与大型基本流场的相互作用，一般称为台风内含预报方法[①]。这个预报方法操作比较复杂。

以上两类动力预报方法，由于数学上的困难，目前还不能寻求方程组的精确解，通常根据已知的台风资料，对方程组实行一定的简化步骤，然后用电子计算机求得近似的数值解。在这些数值解的基础上，做出未来不同时间内台风路径预报。

目前，也有人正在致力于将台风路径的统计预报和动力预报这两种方法结合为一项工作，叫作“动力—统计预报”。这种更新的预报方法，在某种程度上能够克服各自的弱点，所以它很有发展前途。

1975 年 8 月 10 日，7504 号台风在我国台湾东南 500 千米海面上形成，它的路径比较复杂，预报难度大。开始它向东北方向的日本移动，看起来好像对我国沿海影响不大。但是，上海市气象台和浙江省气象台运用客观定量预报方法，计算出这个台风将西折，并在我国福建、浙江之间沿海登陆，据此及时发布了台风预报。当 12 日下午 7504 号台风在浙江省温岭县登陆时，沿海地区的人民群众在党的领导下，早已做好了迎战台风的各项准备工作。1975 年 7513 号台风是在我国西沙群岛附近海面生成的，中心风力 11 级，阵风 12 级以上。在台风尚未形成之前，广东省气象台根据这个地区外围气流分布特点，以及周围天气要素的变化情况，运用我国气象科学工作者研究出来的台风发生发展的预报方法，提前发出了这次台风的生成预报，并准确地报出台风登陆地段。台风路径的客观定量预报方法不仅能够作出客观、定时、定量的预报，提高预报准确率，而且便于使整个预报过程实现自动化。

4. 群众测台经验

我国东南沿海地区的人民，在和台风长期作斗争的过程中，积累了用天象、海象和物象观测台风的丰富经验。

---

① 我国于 20 世纪 70 年代初期开始试验，采用正压原始方程，设计一种内含台风环流系统位势场的数值计算方案。这个方法假定了预报区域内总能量守恒，从而抑制了由于台风流场是一个强梯度场、对计算稳定性很敏感、往往引起动力方程计算不稳定，并用四级精度差分格式来提高数值计算的精度。另外，它把预报得出的台风场极值区，内插出极值点位置，作为预报的台风中心位置。但是，目前还存在一些系统性误差，使台风预报的转向点较实况偏西，在形势急变时期的预报效果也较差。

首先，谈一谈中长期预报台风方面的经验。

前期天气的奇热、奇寒、干旱，某些时候的阴、晴、风、雨、雷暴，以及某些物候现象，都可能是台风的前兆。在广东省，流传“有奇寒就有奇热，有奇热就有奇风”的天气谚语，意思是说前期冷热异常，未来会有台风。类似的谚语，福建省漳州市龙海区有“小寒冷到哭，小暑台风到”；古田县有“春暖台风少，冬暖台风多”，等等。许多地区还有鹊巢占风、“巢高风小，巢低风大”的谚语。喜鹊在春季筑巢时，气温低、大风多，会把巢筑得低些，反之巢筑得高些。这些谚语反映了春季的温度和大风与夏秋季台风的关系。

广东省普宁市，春天谚语有“春分不混，清明不明，夏至一到无容情”的说法。意思是“春分”是晴天，山青，能见度很好，即“春分不混”；“清明”阴雨蒙蒙，能见度很差，即“清明不明”，那么，后推 90 天左右常有台风大雨。夏季谚语有，“端阳无有龙舟水，六七月则有台风暴雨水浸腿”。意思是初夏农历五月初五前后未下雨，河水位不高，又少雷雨，天气冷，“寒树”花期推迟，则夏末到秋季会有台风暴雨影响。“六月初六无雨点，晚稻常有风雨险”“六月十四夜暗暗，台风暴雨要乱窜”。前者意思是农历六月初六无雨，吹偏西风，太阳出没时多红云或条状云，则秋季晚稻会受台风暴雨的影响；后者意思是六月十四日晚上若整夜云层成幕，不见月亮，秋季会有台风暴雨。

广东、浙江和江苏省的南部，流传有“冬季北风多，夏季台风多”“冬春风暴大，夏秋台风强”等谚语，指出了冬春季节的北或偏北大风和夏秋季节的台风关系。广东、福建省一带还有“清明前后北风起，百日可见台风雨”的说法。广东省普宁市气象站自 1959 年以来，用各年“清明”前后 3 ～ 7 天内有北风或偏北风的年份，取偏北风速最大的一天或吹正北风的一天为“起始日”（指标日），后推 100 天前后 7 天内，则有台风在广东东部、福建南部登陆并对普宁市造成影响，12 年中有 11 年如此。此外，风和台风的关系还因地理条件而异，如在西沙、南沙和中沙各群岛有“三月东风晒死草，四月东风吹船走”，在福建省南部有“夏至南风多，小暑有台风”等农谚。

雷暴，也往往是台风的前兆。东南沿海地区的谚语中，有“一雷打九台”（或“一雷引九台”）。广东省南部有“六月初一打雷把海口，七月初一打雷抱仔走"，指出六月初一打雷，一雷压九台，无雷祸就来；七月初一打雷，未来将会有台风。但经广东省普宁市的群众和气象工作者验证发现，并不是这几个"关键日"的所有的雷都能"压台"或"引台"。六月初一，如果在西北方向的内陆打雷下雨，雷声响亮，雷雨移向内陆，则当年有台风，所以有"海雷引祸来"的说法，七月初一打雷"引台风"，也是"海雷引祸来"。

福建漳州龙海区农谚说"六月初一雷打台，六月初九雷引台"。据龙海区气象资料查证，农历六月初一和初九是否打雷和农历六月中旬到七月底的台风有关，"初一初九无雷声，南面台风多发生；初一无雷初九哮，本地台风两三遭；初一打雷初九静，闽（北）、粤台风要发生；初一初九雷隆隆，台风登陆在广东"。以这些关于"压台"或"引台"的谚语为线索，浙江省舟山市普陀气象站发现第一次春雷与台风有一定关系：若第一次春雷在3月25日以前，后推135天前后8天以内有台风影响普陀；若第一次春雷在3月25日以后，后推135天前后3天以内将有台风影响普陀。山东省也有"春雷过后一百二十天，必有台风现"的说法。浙江省义乌市有"立秋响雷公，秋后无台风"的谚语，是说"立秋"的雷压秋后的台风。

"小潮风，大潮雨"。潮期与台风也有关。福建漳州市龙海区的群众，用农历腊月廿四日到廿八日这个"关键时段"的偏南风，预报未来农历四到八月台风：风力越大，台风影响也越大。据验证，偏南风1～2级可预报8～9级台风，2～3级可预报10级左右的，3级以上可预报10级以上的。在腊月廿九或三十吹南风（风力1级）1小时以上，未来农历四到八月无台风。

其次，谈谈短期预报台风方面的经验。

当台风在海洋上发生以后，它的范围越来越大，有时从中心到边缘可达一千多千米，距离台风中心很远的地方，便受到它的影响。在台风到来前两三天，甚至四五天，就可以发现台风来临的征象。

台风来临前出现的天象，主要有卷云和碎云、断虹、辉线、远电、风向和风力、静风、星星闪烁等。

卷云和碎云 台风来临前两三天，可以看到从东南方地平线上的一点，辐射出绢丝般的长条状云彩，高度一般在6000米以上，广东群众称之为"马尾云""青果云""倒叉云""鲎尾云""天串"，福建群众称之为"台母"，浙江群众称之为"箭云""风葱"，苏北群众称之为"水壕云"，气象学上称之为“毛卷云”。它在高空伸展开来，横跨半个天空，大多呈V字形，状似一把张开的折扇，在台风中心前进方向五六百千米远的地方就可发现。早晚在阳光照射下，呈现彩色，随着太阳在地平线附近的位置不同，或橙红，或铜黄，或暗紫，或淡白。这种云彩是台风中心的空气上升到高空后，水汽凝结成小冰晶，受阳光照射的角度不同而形成的。在台风季节，卷云有系统地从海上伸来，便是台风快到的先兆。

随着台风的移近，卷云逐渐增多，接着有系统的卷层云推来。早晨和傍晚的时候，太阳照在卷层云上，会因折射而产生日晕、月晕。这时，当地距台风中心大约是三四百千米。以后台风中心越来越近，云愈来愈低，出现了高积云和层积云。接着是呈灰黑的一团一团被风吹散的积云或层积云的碎云，像布块、棉絮、羊群，迅速飞动。这种乌云，人们常称它“飞云”，散布全天。它的出现，表明台风迫近了。

“江猪过河，大雨滂沱”，这句谚语在福建、浙江、江苏、上海等沿海地区广为流传。“江猪”云是一种浓积云的俗称，因其云顶状似猪头，又一般出现在沿海、沿江地区天空，故称“江猪过河”。“江猪”云又称“海和尚”云，古谚曰:“清早起海云，风雨霎时辰。”台汛季节，常出现这种云状。它是海面上的空气发生上冷下暖对流现象而出现的对流性云体。当台风迫近时，台风环流区域内的低空为暖湿性气流，而高空常常有冷空气入侵，致使沿海、沿江地区的空气一直处于上冷下暖不稳定状态，形成“江猪”云。“江猪”云连续出现并逐渐发展，这是台风即将影响本地的一个重要特征。如果连续数天出现，积郁不散，云体乌黑，预示着本地区将受到台风较大程度的影响。

观测碎云的连续变化，可以知道台风动向。当碎云从头顶飞过时，人面朝天空飞云来的方向站立，右手向右平伸，右手所指的方向，就接近当时台风中心所在的方向。连续观测碎云移来的方向，还可大致知道台风是朝着什么方向移动的。例如，我们所看到的碎云连续从东北方向吹来，说明台风中心一直位于东南方；当碎云来的方向由东北逐渐转为正北方，说明台风中心从东南转到正东，这表示台风正向偏北方移去。

断虹　广东、福建两省流传着“断虹现，天要变”的谚语。断虹（或称“短虹”）是出现在海面上的半截虹，没有常见雨虹的弧状弯曲，色彩不鲜艳，一般在黄昏出现。这种虹是台风外围低空中水滴折射阳光而形成，不是本地区空中水滴所造成，所以没有弧状弯曲。

辉线 台风入侵前两三天常有辉线出现。渔民称辉线为“风缆”或“蓝杠”。日出前或日落后，太阳位于地平线附近，辐射出三五条红色或橘黄色的光线横贯天穹，在两条红（黄）光之间，天空仍保持蓝色，看起来好像是红、黄、蓝几种颜色的光线同时出现一样。但由于平时日出或日落后天空大多是整片的发红（黄）色，所以人们对出现蓝色“光线”印象特别深刻，称它们是“蓝杠”“青杠”“青光”等。辉线有时在太阳相对方向汇聚，随着太阳上升而很快模糊消失。这可能是由于台风前方空气上升运动不强，只能形成一些孤立的积雨云或深积云块。日出日落时，部分阳光被地平线附近排列成行的孤立积雨云块顶部遮蔽，未被遮蔽的阳光，经过天空中气体分子、尘埃等的散射作用，便成为一条条橘黄色或红色的光线。所发辉线的出现，说明本地处于台风的前方。

1977 年的 7708 号台风迫近上海市的前两天，即 9 月 7 日、8 日，在长江口宝山地区持续出现“江猪”云，8 日并伴有由东南伸向西北的三道辉线。宝山气象站根据观测获得的各种气象资料的综合分析，并参照“江猪过河，大雨滂沱”的民间谚语，预测到未来 72 小时内，本地区将受 7708 号台风的影响，出现大风和暴雨，及时作出了较正确的预报。

远电 在台风入侵前一两天的夜晚，东南方靠近海面常有闪电，渔民称为“齐水闪”或“海肚闪”。它可能发生台风外围的积雨云内。因为距离比较远，地球又是椭圆形的，所以不闻雷声，只见贴近海面的断断续续的弱闪。

风向与风力 晴天，在正常情况下，沿海地区盛行早东晚西向的“海陆风”[①]，当受到台风前半圆外围气流影响时，就常现西—北—东方位范围的风向。这些风向出现在盛夏西南季风和东南季风的季节里是不合时令的，因此，一旦出现这些方位的风，并持续半天到一天以上时，便是台风的预兆。当风向由东南转东北，说明台风已临近本地，特别是“东风打过更”（21—22 时以后），说明台风已侵入本地了。

当台风外围已影响到本地区，风力达四五级，这时如果你背风而立，台

① 在沿海地区，白天，风从海上吹向陆地，这种风叫海风；晚上，风从陆地吹向海上，这种风叫陆风。海风和陆风都比较清和，范围也不大，所以把二者合起来称为“海陆风”。

风中心就在你的左侧稍偏前的方向上。按上述方法每隔数小时测定一次，把每次测定结果做一比较，能粗略地发现台风中心的动向。在连续测定中，你的脸随风向逐渐向右转，台风中心将在本地的偏南面、偏西面经过。相反地，你的脸随风向向左转，台风中心将在本地的偏东面、偏北面经过。风向极少变化，而且风力越来越大，台风中心将在本地或附近经过。

静风 有时台风入侵前，本地风微弱。特别是当盛行风被台风环流所代替，在一段过渡时间内，几乎是静风。夜晚，海面平静如镜，月影清晰地倒映于海中，有"海底照月主大风"之说。

星星闪烁 一般在看到星星闪烁现象后的三天就有台风影响本地。在台风盛行的季节里，每天晚上对东方、南方的星星进行观测比较，当发现星闪区的位置高度不变，闪动区不断向西移动，预示台风在南方向西移动，不会影响本地；当星闪区的位置高度不变，闪动区向北移动，预示台风在东方向北移动，不会影响本地；只有当星闪区位置高度升高，闪动区朝头顶上空移动，才预示台风正在向本地移来。

察海象 预兆台风来临的海象，主要有长浪、海响、潮汐和潮流异常、海上发光等。

长浪 在离台风中心大约1500千米的海面上，能看到从台风中心传播出来的一种特殊的长浪：浪顶圆滑，浪头较低（一般高1～2米），浪头与浪头之间的距离（200～300米）比一般的波浪（50～100米）长，浪声沉重，节拍缓慢。长浪以比台风移速快2～3倍的速度传播着。所以有"无风起长浪，不久狂风降"的说法。因为长浪一排排起伏犹如草席，广东渔民又称之为"草席浪"。

海响 台风到来前一两天或两三天，在沿海可以听到一种嗡嗡轰轰的声音，好像海螺号角远鸣，又像远处雷声隆隆，夜深人静时，声音尤其清晰响亮，一般称它为海响，粤东渔民称为海吼。当声响逐渐增强时，表明台风逐渐逼近。如果声响减弱，表明台风逐渐离去，或者随着台风中心的移动，响声位置改变。浙江舟山群岛有一岩洞，面临大海，在台风来前几天，洞里发生响声，渔民凭此预兆，采取防台措施，往往很奏效。

海响发生的原因，一般认为是由于台风中心附近暴风骤雨的相互摩擦，以及台风对海面波浪、岛屿、礁石的强烈击打作用，产生一种低频率（每秒8～13赫兹）的风暴声波（次声波），贴近海面传播到海岸，遇礁石、岩洞发生反射，共振增强，于是发出嗡嗡的响声。也有人认为，海响发生的时间可能和长浪出现的时间相同，当长浪碰到海岸而被冲碎的时候，也会发生响声。

人们利用海响等特点，制作一些测台风的土仪器。例如，渔业工人用氢气球测台风，就是把气球（直径为 50 厘米）搁在耳边听一听，大概能知道远处有无台风，它是否会袭击本地。因为大风和巨浪摩擦、冲击产生的低频声波，比大风和巨浪的传播速度快得多。虽然人的耳朵不能直接听到它，但是充满氢气的气球却能同低声波发生共鸣，产生振动。这种振动给予耳膜一种压力，使耳膜产生振动的感觉，台风越近，这种感觉愈清晰。根据感觉到的清晰程度的变化，就可以判断台风是逼近还是远离。

还有一种“水母耳”仪，也能预测台风。水母是能听到次声波的海洋生物之一。频率为 8 ～ 13 赫兹的次声波，冲击着水母“耳”（细柄上的小球）中的很小的听石，刺激“球”壁内的神经感受器，水母便隐约听到了即将来临的台风的怒吼声，于是，水母纷纷离开岸边，游向大海，以免被狂风巨浪砸碎。人们模拟水母特点制成的预报仪，由靠喇叭接受次声波的共振器，把振动转变为电脉冲的压电变换器，以及指示器组成。把这套仪器设备安装在船舰的前甲板上，喇叭作 360° 旋转。旋转自行停止时，喇叭所指示的方向，就是台风来临的方向，指示器表示台风强度。它可以提前 15 小时左右作出预报。

海水异常　台风到来前一两天，潮汐、潮流出现一些反常现象，如流向变化、流速变急、潮位急升或急降，潮汐涨落时间也和平常不同。同时，还会发生海流、潮流急剧流转和波浪冲击，浅海区海水垂直扰动剧烈，海底的腐败物质翻到水面上来，甚至海水发出腥臭味。由于气压急剧降低，使原来溶于海水的气体分离逸出，海面便出现略带黑色的泡沫，即“海冒气泡”。另外，受台风影响，海水上下层的流向与流速不一致，使鱼网倒翻或扭斜，造成渔民作业困难。

海上发光　台风入侵前两三天，往往可以发现海水表层出现一点点、一片片的磷光，闪闪烁烁，时浮时现。渔民称为“海火”“浮海灯”。这是一些发光的浮游生物，像磷细菌、夜光虫、磷虾、角藻、多角藻和栉水母等，以及寄生有磷细菌的某些鱼类在海水表层浮动时呈现的景象。这些浮游生物都生活在海水的表层，大多在温度较高的时候繁殖。台风来前，气温很高，海水的温度也高，这些浮游生物就都密集在温度高的海面上繁殖，所以常常出现“浮海灯”，亮光闪闪。不过，夏天天气炎热，正是海上浮游生物繁殖的盛期，夜晚经常可以看到海上闪烁的亮光。因此，不能一见到海发光，便认为将有台风侵袭，还要参考其他的征兆，才能准确判断。

看物象 台风来临前，海中鱼类及浮游生物上浮或群集海面，平时少见的海洋生物出现，成群海鸟飞向岸边。像在近海区少见的白色小生物“银币水母”（渔民称“水笋”“风仔帽”），这时漂浮到浅海面上来。在广东东部沿海有一种小鱼，土名“鲮仔”（属鳀鱼类），在台风来前几天，海面上特别多，当地称它为“风台鲮”。一些较大的鱼类，如海豚往往群集海面，深海区的鱼随海流来到浅海，甚至可看到鲸。有时还发现一些深层鱼类、底栖生物，如海蛇、海螺、海蟹在海面浮动。

鱼类及浮游生物上浮和少见的海洋生物的出现，主要是由于远海的台风，掀起惊涛骇浪，驱使它们趋集近海。另外，低频率风暴声波人耳虽听不到，但海中某些鱼虾可以感觉到，因而惊扰骚动，四散流窜。同时，因为台风来临前气温高，湿度大，气压下降，水中氧气减少，海水温度升高，强风造成海水流动，泥沙翻滚，都促使鱼类和底栖生物浮上海面。

在沿海地区，如果发现海鸟成群飞来，或见飞鸟疲乏不堪，跌落海面，甚至停歇船上，任人驱逐也不肯离去，这表明海上可能已有台风发生。因为，台风区域狂风暴雨，海浪滔天，海鸟既不能找寻食物，又无法安身，所以只好避开台风飞向岸边了。

在台风季节，经常观察天象、海象、物象的变化，注意收听当地的天气预报，结合天气形势分析，准确地掌握台风的出没和行踪，就能做好防御准备工作。

（六）台风的防御

为了减少和避免台风灾害，除了提高台风预报的准确性外，还要在党和政府的领导下，充分发动群众和依靠群众，从可能出现的最坏情况出发，积极做好各项防台抗台工作。

1. 运用台风警报

台风警报的种类 气象台、站作出台风预报以后，就及时发布台风警报。我国气象台、站根据台风影响的时间和程度，规定了三种发布办法，就是台风消息、台风警报和台风紧急警报。

当发现北太平洋西部的台风向我国沿海移动，估计两三天后可能对华东、华南沿海有阵风 8 级影响时，由中央气象台统一编号后，及时发布“台风消息”，引起有关部门和广大人民群众注意。发布台风消息只是打一个招呼，说明有这样一个台风向我国沿海移动。

如果台风继续向我国沿海靠近，预计未来 36 小时内将对华东、华南沿海地区有阵风 8 级的影响，气象台就发布“台风警报”。但具体发布时间，根据具体情况，或提前或推迟。在收听气象广播时，要注意分清气象台发布的是哪个区域的台风警报。一旦收听到本区域里的“台风警报”时，当地船只就要据其抗风能力和航行速度情况，决定防御措施。

当台风在未来 24 小时之内，将对沿海地区有比较严重影响，或台风中心在这个地区登陆，风力达 10 级以上时，气象台就发布“台风紧急警报”。具体发布时间，台风标准，也要根据当时情况而定。当听到“台风紧急警报”时，处于台风最大风力范围内的海上船只，要全力投入抗台斗争，陆地要做好一切抢救准备工作。

有时，当台风已登陆，或在邻省（海区）经过，或动向突然变化（如打转、停滞），或对本地影响程度未最后确定时，气象台、站都以“台风报告”方式发布。这时所处地区的抗台措施丝毫不能放松，以备万一。

台风警报的内容，一般包括两部分。第一部分是报告当时气象部门所观测到的台风实际情况。例如：× 气象台 × 月 × 日 × 点钟发布台风紧急警报：今年第 × 号台风中心位置已移到北纬 × 度、东经 × 度，就是在 × 地东南 × 千米的海面上。台风中心气压 × 百帕，最大风力 × 级以上。目前正以每小时 × 千米的速度，朝西北方向移动。当台风的大风分布范围不对称时，就分东、南、西、北的各半圆情况报告。第二部分是预报台风未来动向及其所影响地区未来风雨情况。例如：预计这个强台风中心明天上午 × 点钟在 × 地登陆。从今天 × 时起，× 地将有 × 级的大风、暴雨袭击……

台风警报的运用 一般说来，每年台风季节前，有关地区、单位要建立抗台指挥机构，组织情报传递系统，落实各项防御措施。台风到来前，加强抗台工作的检查，组织群众准备抗灾抢险。台风过后迅速恢复和发展生产，总结经验教训。

目前，各级气象台、站，都发布不同时效的台风警报。为了及时掌握台风的发展变化，有关地区、单位要健全收听气象广播制度，应有专人负责收听，及时向领导报告。收到不同气象台、站发布同一台风警报的内容有出入，可以主要参考当地气象台、站的预报。本地群众的测台经验也应当认真听取。一份台风警报的内容很多，要细致分析所预报的地点、时间、风雨等级、演变情况等，以便按照实际情况做好防御工作。

我国港口台风信号

种类	白天信号	夜间信号（号灯）	说明
强风一号风球	■	○绿 ○绿	强风在 6 小时内可能在本港出现，风力为 6 ～ 7 级
强风二号风球	◆	○红 ○绿	强风在 6 小时内可能在本港出现，风力在 6 级以上
台风一号风球	┳	○白 ○白 ○白	注意信号。台风（或热带低压）在 48 小时内可能临近本港及附近地区
台风二号风球	●	○白 ○绿 ○白	强风信号。本港在 24 小时内将有 6 ～ 7 级强风
台风三号风球	▲	○白 ○绿 ○绿	大风信号。本港将于 12 小时内有大风（8 级以上）
台风四号风球	⧗	○绿 ○绿 ○绿	大风增强信号。大风将继续增强，但不到 12 级
台风五号风球	✚	○红 ○绿 ○红	12 级以上大风即将经过本港和附近地区

2. 船舶防台

海上航行的船舶，一旦发现有台风威胁时，必须及时驶往合适的防台锚地，进行系泊。锚地，应是环抱式港湾，周围有高山、岛屿、堤岸，以遮挡大风浪侵袭。锚地水深应满足船舶吃水需要，有一定的安全旋回水域，地形平坦，底质为泥底。船舶抛锚（常用双锚）时，要有一定移动速度，当松链长度达一倍半至两倍水深时要适当滞链，待锚抓牢海底后再松链，最后刹紧车带，装上制链器和制链钩，这样锚链就不易滑出而造成船身移动触礁、搁浅、碰撞的事故。另外，在台风经过的地区，台风中心过后风向将变成相反，原来是背风的港湾，很可能成为迎风的港湾，因此系泊船舶的时候，必须考虑到这一点。

船舶操纵海上航行的船舶，如果万一陷入台风的涡旋区，或者卷入了台风中心，只要正确操纵驾驶，沉着、机智地同台风展开顽强的斗争，也完全可以使船舶化险为夷。根据当时具体情况，操纵船舶的方法主要有：顶浪航行、顺浪航行、掉头、滞航、漂浮。

船舶顶浪航行时，船首受到猛烈冲击，船体发生剧烈的纵摇，这样可能出现对船舶结构极为有害的中垂和中拱现象，造成甲板上出现大量破浪。怎么办？应当在巨浪迫近时，特别是当两个波峰距离和船舶长度接近相等时，要注意减速或停车。此外，适当的船尾纵倾，可以较好地发挥螺旋桨和舵的作用，使船首保持一定的浮力。船首与风浪来向保持合适的偏角，可以减轻船舶在顶浪航行中受到猛烈冲击。

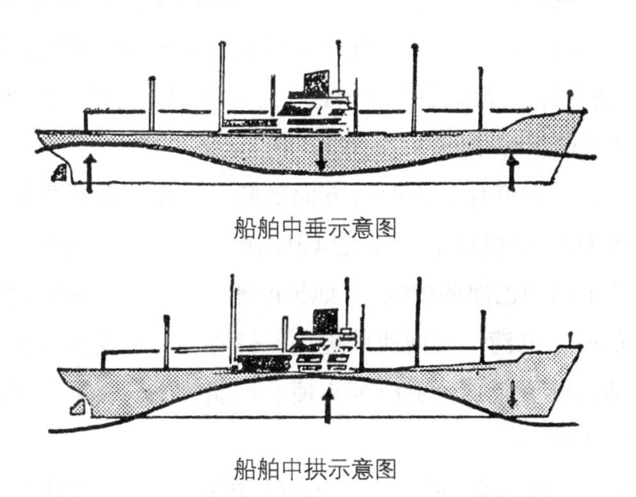

船舶中垂示意图

船舶中拱示意图

船舶长度和当时波长悬殊甚大时，顺浪航行比较平稳。小船舶顺浪航行时，有时因受风吹送，使船速接近波速，无法掉头改为顶浪滞航时，应从船尾放出海锚以减低速度。一般船尾较低或尾部纵倾特大的船舶，应避免顺浪航行。顺浪航行到接近海岸、浅滩时，要注意驾驶，以免遭受损失。

一般从顶浪航行掉头为顺浪航行比较容易，反之就比较困难和危险，空船更要避免顺浪改顶浪。掉头前应减速或停车，但掉头时要短时高速，以缩短船身横向受浪的时间。顺浪航行掉头时，先从船首投下海锚，再动车转舵，快速转向，但不能开倒车转向，以免舵和螺旋桨遭受损伤。

船舶在大风浪中依靠车、舵的作用，使船体基本处于不进不退的操纵方法，叫作滞航。滞航过程中，船舶要慢速前进，保持一定的风舷角，随风向变化不断调整航向，并根据风浪大小随时调整船速，战胜风浪。

船舶在大风浪中不使用车、舵，让船体随着风浪向下风漂流的操纵方法，叫作漂浮。采用漂浮方法以前，要全面分析各方面的情况和因素，慎重从事。

避离驾驶法这是根据当时船舶在海上的位置与台风中心的距离而采取的驾驶方法。避离驾驶，一般要保持船舶离开台风中心 200 ～ 400 千米，结构薄弱的中小型船舶可根据本身的具体情况确定与台风中心的距离。

在台风右半圆的前半部，风向变化是顺时针方向旋转，船舶要全速以船首右舷顶风避离，并使船舶运动的航迹保持与台风移动方向相垂直，以便能尽快地离开险区（下图中甲船的虚线）。如果风浪猛烈或前方有浅滩、陆地阻挡，船舶无法或不宜继续航行时，就必须采用滞航方法操纵船舶（下图中甲 1、甲 2、甲 3 的虚线）。当风浪过于猛烈，主机或舵发生故障时，应立即抛锚，稳住船首，并使船首迎风，避免船舶被风浪打横。必要时，撒油镇浪，减轻浪涌对船舶的冲击。

在左半圆，风向变化是逆时针方向旋转，虽然风浪较小被称为可航半圆，但有时风力在 12 级以上，强大风浪向船舶压来。这时要全速以右舷船尾受风避离（下图中乙船的虚线）。如果船舶前方没有充裕的避离余地，附近又无适当的避风港湾，可慢速前进，保持右舷船尾受风顺航。如果在船舶前方有浅滩或陆岸阻挡，就应掉头使右舷船首受风，采取顶风滞航方法（下图中丁船的虚线）。

如果船舶处在台风前进路上，应采取与在左半圆相同的驾驶法，以右舷船尾受风顺航，迅速离开台风的进路，驶进左半圆的范围内，直至离开险区（下图中丙、乙两船的虚线）。如果台风的左半圆接近陆地，完全没有顺航的活动余地，应改用与在危险半圆内相同的驾驶法，以船首右舷顶风行驶，迅速穿入右半圆内，继续以全速远离台风的进路，争取在台风中心经过时，和船舶相距 200 千米。

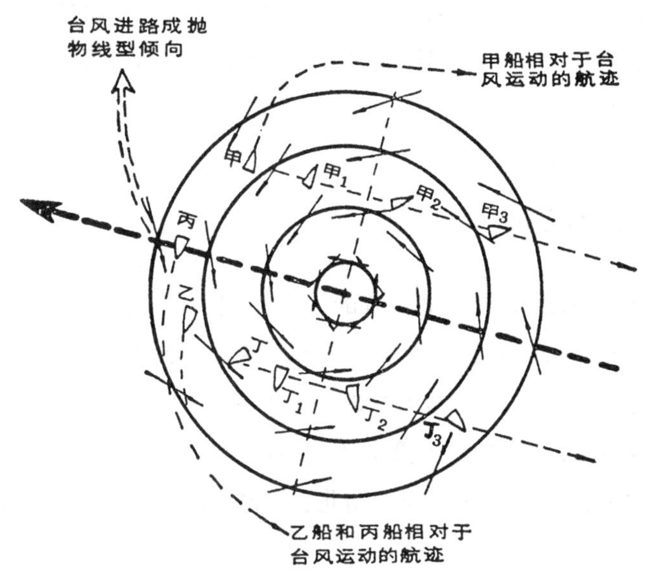

避离台风驾驶法示意图（北半球）

3. 陆上防台

广大劳动人民在战台风的过程中，积累了许多防台抗台的经验。例如，在台风季节，或台风来临前，砌石块，打木桩，扎草把，加固海塘堤坝。浙江省著名的门前渡海塘，能保护 8 万多亩土地不受潮水侵袭。通海江河，采用闸坝控制，堵江截流，把咸水堵在外面，淡水储在里面，并控制向外排水，既可以制止海潮的冲刷，又可以洗掉土壤里的盐碱。山谷盆地，修建起千万个拦洪防汛水库，储水防灾，灌溉农田。但是，在台风来临前，山塘、水库又要适当放水，防止暴雨形成的洪水冲毁堤坝。

在农业上，台风来临前，要及时疏通田里的排水沟，防止作物受淹。新插的秧苗要灌满水，免得秧苗被狂风吹跑。已成熟的庄稼要组织力量抢收，未成熟的高秆作物如玉米、高粱等，可以三五棵一组绑扎起来免受损失。番茄、豇豆等蔬菜作物的棚架要加固，防止倒塌。植株高的作物要及时壅土，增加作物的抗风能力。台风过去后，要加强田间管理，适当追施肥料，促进作物正常生长。渔民应不失时机继续扬帆出海捕鱼。

新中国成立以后，在东南沿海地带，为了抗风、防洪营造了大片防护林，兴建了许多海塘堤坝，建立了气象台、站、哨（组）服务网，逐步健全了台风的预服广播，提高了抗御台风的能力。通过对台风的探测、科研和联防服务，随着科学技术的发展和人民群众与台风作斗争的经验日益丰富，台风的危害程度将进一步减小。

4. 人工影响台风

人工影响台风，是人类早就有的一个愿望。这个愿望同人工降水、消云、消雾、消雹一样，随着近代科学技术的发展，如今已获得一些成效。

1946 年，人们开始人工增雨的试验：从飞机上，把催化剂——干冰播撒到云层里，云中的水滴变成雨滴降落到地面上。在我国，1958 年吉林省人工增雨首先试验成功。同年甘肃、湖北、安徽、河北等省相继开展了人工增雨工作。

20 世纪 40 年代到 50 年代，人工增雨试验有很大发展。同时，有人开始尝试把这种试验用于台风中，从而引出了人工影响台风的问题。1961 年和 1963 年，美国作了对台风影响的播撒试验，但播撒后变化不大，无法确定效果。1969 年 8 月，美国又对北大西洋上的黛比台风进行了大规模的多次人工影响试验。在试验的头两天，有云墙区，每天好几次播撒大量的催化剂——碘化银（有时也用干冰），第三天停止，第四天继续播撒。结果，台风中心与外部的温度差和气压差明显减小，风力也相应地减小。譬如，8 月 18 日那天，美国海军出动飞机 17 架，对黛比台风投下了 1060 罐碘化银，当天最大风速就由 51 米 / 秒减到 35 米 / 秒。在这次试验过程中，先后用飞机、气象卫星、雷达等工具进行了多种观测，证明人工影响后的台风结构和风力确实发生了明显的变化。

这是什么缘故呢？

原来，由于这次试验中的播撒作业时间很长，碘化银进入台风云墙后，就出现了如同人工增雨时那样的情况：1 克碘化银可产生 10^{12} ～ 10^{14} 个冻结核，它们具有高度的致冷作用，使水汽凝华（自然界中，物质从气态变为液态的过程叫作“凝结”，从气态直接变为固态的过程叫作“凝华”）。在冻结核上，过冷水滴冻结在冻结核上，从而形成了无数的冰晶。在这个变化过程中，水汽、过冷水滴凝结释放出大量的热量。有人会问，这样一来，人工影响的结果，热量增加，岂不是火上加油，给台风增添了力量？然而，这正是巧妙地利用大自然本身的力量，达到减少风力的目的。因为云墙增加热量之后，气温升高，气压降低，甚至出现新的台风眼。台风眼区与狂风暴雨区的气压差大大减小，这等于把原来相当集中的能量分散开来，从而达到抑制台风、减弱风力的目的。

二

地球上的风

（一）风情万种①

1. 刮风之谜

在我们周围，到处都有空气。

空气是流体，它可以到处移动。

彩旗飘舞，树枝摇曳，尘沙飞扬，海浪奔涌……这些都是空气流动的表现。

空气一流动，就形成了风。

可是空气为什么会流动呢？

让我们先来做个实验吧。在一个纸盒底部，挖两个圆洞，把它底朝天反扣在桌上。拿半截蜡烛，点燃，放在一个圆洞里。再拿两个灯罩，分别插在两个圆洞上。然后，拿一根点着的香，先后放在两个灯罩上，看会发生什么现象。把香放在点燃蜡烛的灯罩上，烟仍旧笔直往上升。把香放在另一个灯罩上，烟却往下沉，钻到灯罩里去了。

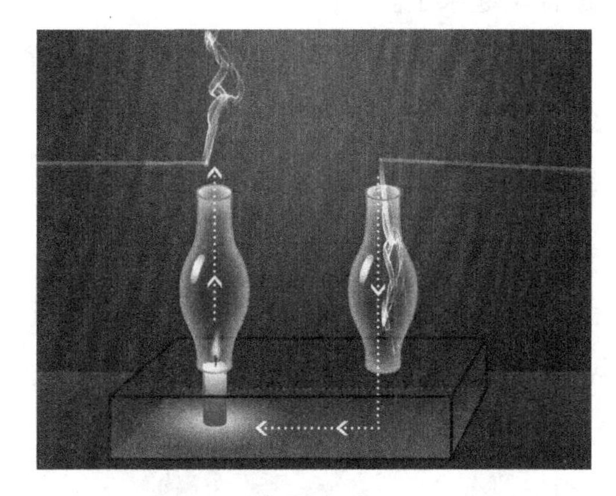

灯罩实验

温度差异导致空气流动

原来，这时候，两个灯罩里的气压是不相同的。空气有热胀冷缩的脾气。尽管两个灯罩一样大，但是点燃蜡烛的灯罩里的空气，比没有蜡烛的灯罩里的空气热一些，体积就膨胀起来，密度

① 本节以及本章（二）至（七）节写于2018年。

变得小一些，重量也小一些，也就是气压低一些。由于热空气的气压比冷空气的低，就容易上升。热空气上升后，周围的冷空气由于密度较大，气压较高，就会流过去填补空缺。这样一来，空气由于气压不同就流动起来了。

在地面上，太阳光照射的地方，温度就会慢慢上升，也就是把贴近地面的空气烘热了。然而，地球表面各处照射到的太阳光是很不均匀的。就局部地区来说，寸草不生的沙漠或荒坡、长满庄稼的田野、茂密的森林、江河与海洋，被太阳光照热的程度也各有不同。于是，近地面的空气也变得有些地方比较冷，有些地方比较热。热空气膨胀起来，变得比较轻，就往上升，这时附近的冷空气便进来填补，冷空气填进来遇热又上升，这样冷热空气就不断流动起来了。

冷而浓密的空气压力比较大，暖而稀疏的空气压力比较小。空气总是要从比较浓密的地方向比较稀疏的地方流，也就是总是从气压高的地方流向气压低的地方。

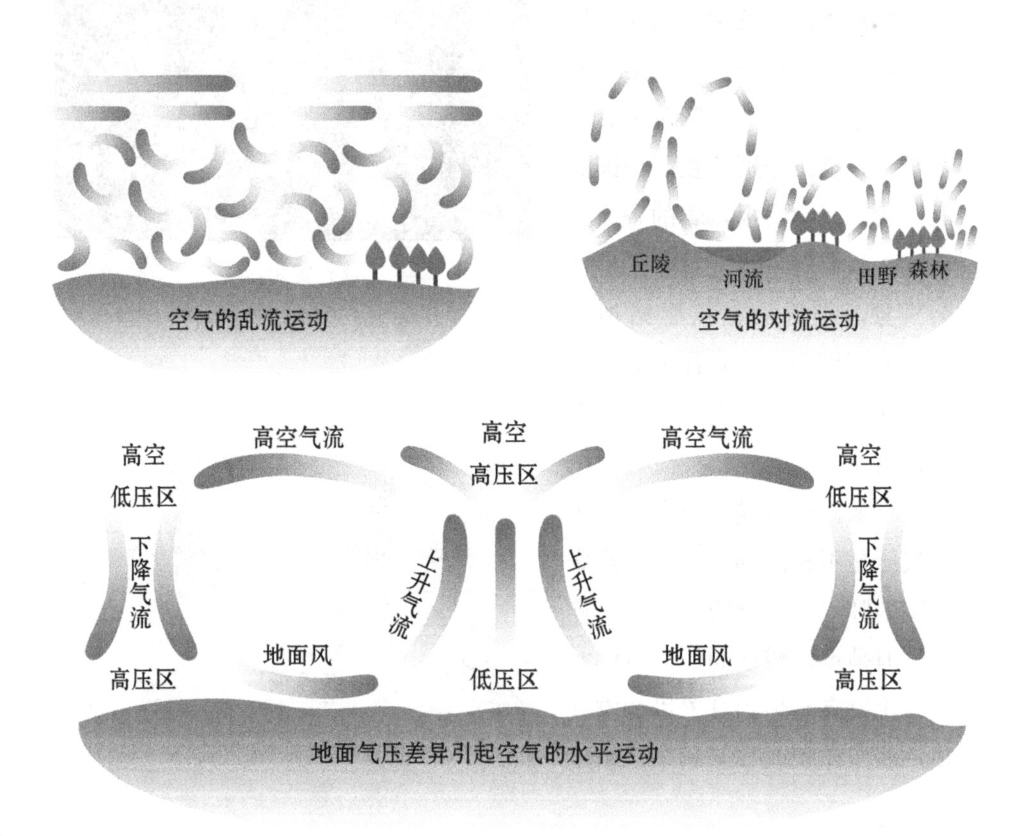

空气的多种流动方式

不过，并非所有的空气流动都叫作“风”。大的空气团的流动按其流动方向，上下流动叫垂直运动，左右流动叫水平运动。而小块空气的流动从来就不遵循什么水平方向和垂直方向。在气象学上，空气极不规则、杂乱无章的运动称为湍流或乱流，空气垂直运动叫作对流，空气的水平流动和有水平分量的空气流动才称为风。只要有气压差存在，空气就在水平方向上一直向前流动，这就是风。

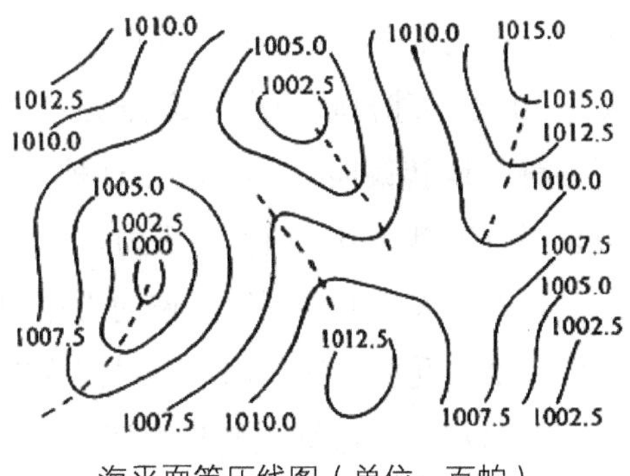

海平面等压线图（单位：百帕）

是什么力量推动空气向前流动呢？是气压梯度力。

凡是同一条等压线上的气压都相等。等压线分布的疏密程度，表示单位距离内气压变化的大小，称为气压梯度。等压线越密集，表示气压梯度越大。就如在斜坡上造起每级高度相等的石阶梯，那么地形坡度越大，阶梯的间隔距离就越短；反之，则越长。各地的气压如果发生了高低的差异，也就是说，两地之间存在气压梯度的话，气压梯度力就会把两地间的空气从气压高的一边推向气压低的一边，于是空气就流动起来了。

空气在侧压力的推动下，从气压高处流向气压低处。两地间气压差越大，即气压梯度越大，空气流动也越快，风刮得越起劲。气象学家把由于气压梯度而产生的这种侧压力称为气压梯度力。很明显，它的大小是与气压梯度成正比的。

现在我们明白了：空气的流动是由气压梯度力推动起来的，风刮得强还是弱也是由气压梯度力的大小来决定的。如果气压梯度力等于零，也就是说各处的气压相等，那就不会有风产生了。

2. 地转偏向力与风

风在气压梯度力的推动下吹起来了。

可是，出人意料，风一旦起步行走，并不朝着气压梯度力所指的方向从高压一边直接迈向低压一边，而是由于地球的自转，迫使它不断地偏转方向：在北半球向右偏转，在南半球向左偏转。这就是所谓的“地转偏向现象”。由于地球自转而产生这种使运动偏向的力，叫作地球自转偏向力（以下简称“地转偏向力”）。因为这种力是法国学者科里奥利最先发现的，所以也叫科里奥利力，简称科氏力。

在地球表面上受到地转偏向力作用的不仅是风，一切相对于地面运动着的物体都会受到它的作用，不过因为地转偏向力和物体受到的其他力比较起来极为渺小，不易被人们觉察罢了。尽管如此，在经历了漫长的岁月以后，地转偏向力还是在地球上留下了它的痕迹。在北半球，那日夜奔流而下的江河右岸要比左岸冲刷得厉害，因此右岸比左岸陡峻。而在南半球，河流左岸要比右岸冲刷得厉害，因此比右岸陡峻。这就是地转偏向力存在的一个见证。

由于地球自转产生偏向力的作用，使得北半球由高压区域吹向低压区域的气流，呈现出一种螺旋形状。在低压区，气压自外围向中心减小，中心气压最低。假设地球是停止不动的，风向也应该和等压线的切线垂直，指向中心。但是因为地球自转产生的偏向力使得气流发生偏折，气流移动路线不是直指中心，而是依着螺旋式的路径朝中心流动，形成逆时针方向的涡旋。这种涡旋周围的风系，气象学上称为“气旋风系”，具有这种风系的低压区叫作“气旋”。在高压区，空气从中心向外流动，形成顺时针方向旋转的涡旋。这种涡旋周围的风系，气象学上称为“反气旋风系”，具有这种风系的高压区叫作“反气旋”。在南半球，情况相反，即气旋为顺时针方向旋转的涡旋，反气旋为逆时针方向旋转的涡旋。

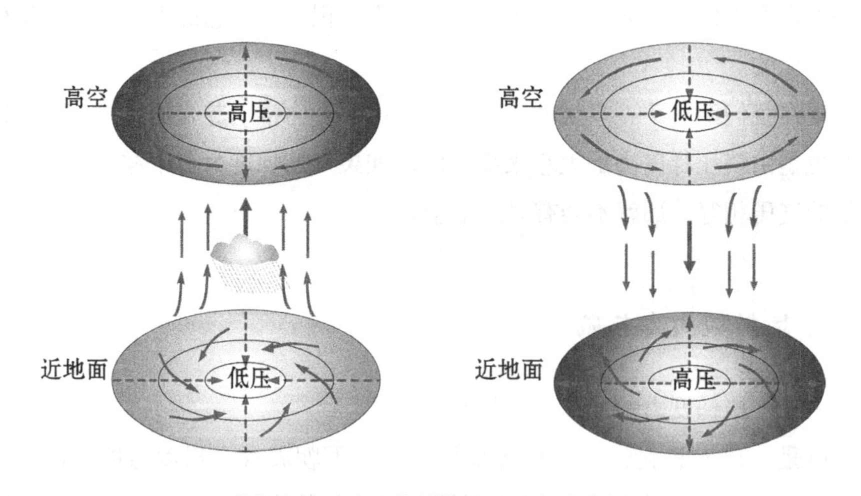

地面气旋（左）和反气旋（右）示意图

3. 风的方向

人们把风吹来的地平方向确定为风的方向。风来自北方叫作北风，风来自南方叫作南风，其余类推。气象台预报风向时，若风在某个方位左右摆动不定，则加个“偏”字，如偏北风。

风向在地面用方位表示，如陆地上，一般用16个方位表示；海上多用36个方位表示；在高空则用角度表示。用角度表示风向，可以把圆周分成360°，北风（N）是0°（即360°），东风（E）是90°，南风（S）是180°，西风（W）是270°，其余风向的度数都可以由此计算出来。为了表示某方向风出现的多少，通常用“风向频率”这个量，它是一年（月）内某方向风出现的次数占各方向风出现的总次数的比例（用百分数表示），即

$$风向频率=\frac{某风向出现的次数}{风向的总观测次数}\times 100\%$$

由此计算出来的风向频率，可以知道某一地区哪种风向最多，哪种风向比较多，哪种风向最少。例如风向频率中N为11%，就表示北风出现的频率为11%。我国属于东亚季风区，华北、长江流域、华南及沿海地区，冬季多刮偏北风（北风、东北风、西北风），夏季多刮偏南风（南风、东南风、西南风）。

测定风向的仪器，在我国很早就有了。公元前2世纪，西汉典籍《淮南子》中载有一种叫“䡏”（hōng）的风向器，它很可能是由风杆上系了布帛或长条旗的最简单的“示风器”演变过来的。《淮南子》中说“䡏”在风的作用下，没有一刻是平静的，说明这种风向器相当灵敏。

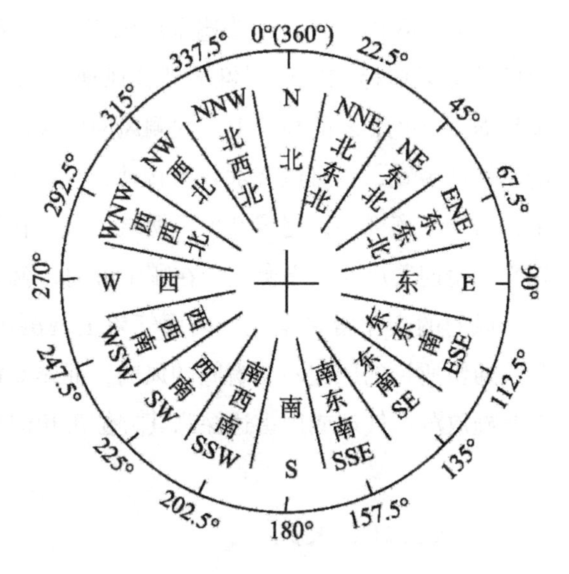

风向16方位图

两汉时期的风向器除

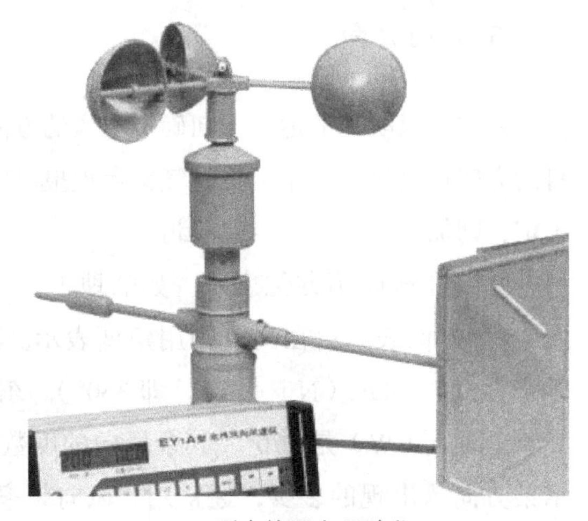

EL 型电接风向风速仪

“鶙”外还有“铜凤凰”和“相风铜乌”两种。公元前104年，汉武帝在古都长安建造了一座大宫殿，叫建章宫。建章宫的屋顶上装了四只铜凤凰，铜凤凰下面都装有转轴，来风时，凤凰的头向着风，好像要飞起来。但是这种风向器，后来渐渐演变为装饰品，失去了作为风向器的作用。至于相风铜乌，这是一种铜做的风向器。“相风”是观测风的意思，“乌”是一种鸟。相风铜乌装在汉代专门观测天文气象的灵台上。最初，它比较笨重，要在风很大的时候，“乌”才随风转动，指着风的来向。以后经过不断改进，渐渐变得比较轻巧灵敏，小风吹来也能够转动。“相风铜乌”比欧洲的“候风鸡”要早1000多年。

我国现存最古老的风向器就是位于山西省浑源县辽代圆觉寺释迦舍利砖塔塔顶的铁质鸾凤。该风向器约是辽金之交（12世纪初）建成的，距今已有800多年历史，现仍在随风运转指示风向。

目前，我国气象台站普遍采用国产的EL型电接风向风速仪。它主要由双叶菱形风向标和三环圆锥形转杯风速仪构成。这种仪器统一规定安装在离地面10～12米的高度上。观测风向的风向标是由平衡锤和风标尾翼组成的不平衡装置，它可以绕轴自由转动，重心在转动轴的轴心上，在风力作用下，由于平衡锤小，尾翼叶大，两端受风力作用不一样，因此，风向标必然以平衡锤迎着风向。平衡锤指在哪个方向，就表示当时刮什么方向的风。

风向的变化常常很快，因而气象上观测风向有瞬间风向和平均风向之分。通常所说的风向不是瞬间的风向，而是观测2分钟的平均风向。空中风向是施放测风气球或用雷达探测其方位角和仰角，然后经过计算得出来的。

4. 从微风到大风

在气象台发布的天气预报中，我们常会听到这样的说法：风向北转南，风力 2～3 级。这里的“级”，是风力的单位。风速和风力均可以表示风的大小。风速就是风的前进速度。相邻两地间的气压差越大，空气流动越快，风速越大，风的力量自然也就越大，所以通常也用风力来表示风的大小。风速的单位常用“米 / 秒”“千米 / 时”或“海里 / 时”来表示。气象台发布天气预报时，用的大都是风力等级。

风力的级数是怎样定出来的呢？

1000 多年前，我国唐朝初期，还没有发明测定风速的精确仪器，但已能根据风对物体的影响，计算出风的移动速度并确定风力等级。著名天文学家李淳风（602—670 年）在《观象玩占》里就有这样的记载：“动叶十里[①]，鸣条百里，摇枝二百里，落叶三百里，折小枝四百里，折大枝五百里，走石千里，拔大根三千里。”这就是根据风对树产生的作用来估计风的速度。“动叶十里”就是说树叶微微飘动，风的速度就是日行十里；“鸣条”就是树叶沙沙作响，这时的风速是日行百里。李淳风又根据树的表征，把风划分为八级，写入《乙巳占》一书中：“一级动叶，二级鸣条，三级摇枝，四级坠叶，五级折小枝，六级折大枝，七级折木飞沙石，八级拔大树及根。”这八级风，再加上“无风”“和风（风来时清凉、温和，尘埃不起）”两个级，可合十级。这可以说是世界上最早的为风力所定的等级。

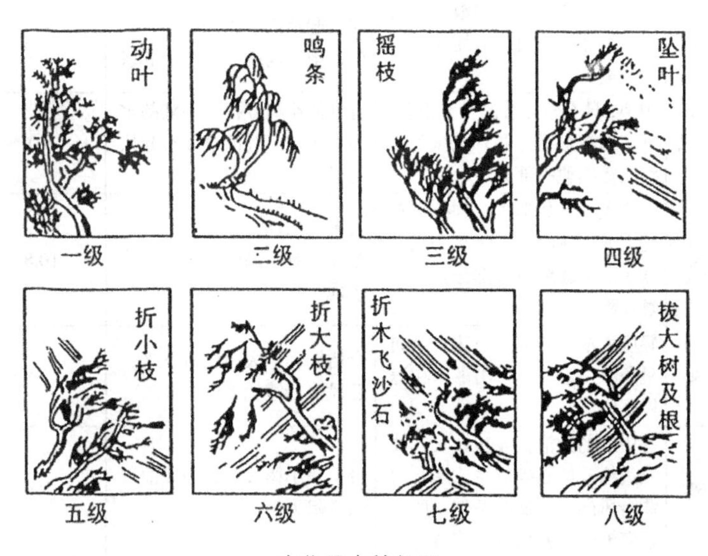

唐代风力等级图

① “里”为距离单位，1 里 =500 米，下同。

到了200多年前，各国仍然没有测量风力大小的仪器，也没有统一规定，都是各自按自己国家定的观测方法来表示风力。后来，英国海军将领蒲福通过仔细观察海上渔船和陆地上各种物体在大小不同的风里的情况，积累了十几年的经验，才在1805年把风划分为0～12级（0级为无风）共13个等级，各个风力等级除了以风划定外，还列入对应的近海岸渔船征象及陆地地面征象。百余年来几经修订补充，蒲福创立的风级划分方法得以解释得更清楚了，并且扩展到19个等级，成为现在全世界广泛采用的风级标准。

风力等级表

风力等级	名称	海面和渔船征象	陆上地物征象	相当于平地10米高处的风速（米/秒）
0	静风	海面平静	静、烟直上	0.0～0.2
1	软风	微波如鱼鳞状，没有浪花。一般渔船正好能使舵	烟能表示风向，树叶略有摇动	0.3～1.5
2	轻风	小波、长波尚短，但波形显著，波峰光亮但不破裂。渔船张帆时，可随风移行每小时1～2海里[①]	人面感觉有风，树叶有微响，旗子开始飘动。高的草开始摇动	1.6～3.3
3	微风	小波加大，波峰开始破裂；浪沫光亮，有时有散见的白浪花。渔船开始簸动，张帆随风移行每小时3～4海里	树叶及小枝摇动不息，旗子展开。高的草摇动不息	3.4～5.4
4	和风	小浪，波长变长；白浪成群出现。渔船满帆时，可使船身倾于一侧	能吹起地面灰尘和纸张，树枝动摇。高的草呈波浪起伏	5.5～7.9
5	清劲风	中浪，具有较显著的长波形状；许多白浪形成（偶有飞沫）。渔船需缩帆一部分	有叶的小树摇摆，内陆的水面有小波。高的草波浪起伏明显	8.0～10.7
6	强风	轻度大浪开始形成；到处都有更大的白沫峰（有时有些飞沫）。渔船缩帆大部分，并注意风险	大树枝摇动，电线呼呼有声，撑伞困难。高的草不时倾伏于地	10.8～13.8
7	疾风	轻度大浪，碎浪成白沫沿风向呈条状。渔船不再出港，在海岸下锚	全树摇动，大树枝弯下来，迎风步行感觉不便	13.9～17.1
8	大风	有中度的大浪，波长较长，波峰边缘开始破碎成飞沫片；白沫沿风向呈明显的条带。所有近海渔船都要靠港，停留不出	可折毁小树枝，人迎风前行感觉阻力甚大	17.2～20.7

① 1海里=1.852千米，下同。

续表

风力等级	名称	海面和渔船征象	陆上地物征象	相当于平地10米高处的风速（米/秒）
9	烈风	狂浪，沿风向白沫呈浓密的条带状，波峰开始翻滚，飞沫可影响能见度。机帆船航行困难	草房遭受破坏，屋瓦被掀起，大树枝可折断	20.8 ～ 24.4
10	狂风	狂浪，波峰长而翻卷；白沫成片出现，沿风向呈白色浓密条带；整个海面呈白色；海面颠簸加大有震动感，能见度受影响，机帆船航行颇危险	树木可被吹倒，一般建筑物遭破坏	24.5 ～ 28.4
11	暴风	异常狂涛（中小船只可一时隐没在浪后）；海面完全被沿风向吹出的白沫片所掩盖；波浪到处破成泡沫；能见度受影响，机帆船遇之极危险	大树可被吹倒，一般建筑物遭严重破坏	28.5 ～ 32.6
12	飓风	空中充满了白色的浪花和飞沫；海面完全变白，能见度严重地受到影响	陆上少见，其摧毁力极大	32.7 ～ 36.9
13				37.0 ～ 41.4
14				41.5 ～ 46.1
15				46.2 ～ 50.9
16				51.0 ～ 56.0
17				56.1 ～ 61.2
18				≥ 61.3

有些地方还把风力等级的内容编成了如下歌谣，以便记忆：零级无风炊烟上；一级软风烟稍斜；二级轻风树叶响；三级微风树叶晃；四级和风灰尘起；五级清风水起波；六级强风大树摇；七级疾风步难行；八级大风树枝折；九级烈风烟囱毁；十级狂风树根拔；十一级暴风陆罕见；十二级飓风浪滔天。

其实，在自然界里，风力有时会超过12级的，像强台风中心的风力或龙卷的风力，都可能比12级大得多，破坏力很大。

风在每秒钟内所移动的水平距离，即风速，可以由风力粗略估算，口诀是“从1直到9，乘2各级有”。意思是：从1级到9级风，各级分别乘2，就大致可得出该级风的最大速度。譬如1级风的最大速度是2米/秒，2级风是4米/秒，3级风是6米/秒……依此类推。各级风之间还有过渡数字，比如1级风是1～2米/秒，2级风是2～4米/秒，3级风是4～6米/秒……依此类推。

风级歌示意图

5. 风随高度而变化

人们站在高处，感到风比低的地方要大些。风随高度的变化，在实际生活中人们已经有了一定的了解。

然而，在实际应用中，风随高度变化而造成的一些惊人的事故，不一定人人都知晓。例如，1940 年 10 月 7 日，世界最大悬桥之一的美国华盛顿州的塔康马桥（全长 1662 米），被一次大风摧毁了。1965 年 11 月 1 日，英国约克郡费尔桥电厂里，有 3 座高达 114.4 米的巨型冷却塔也被大风刮倒。这两次事故对各国工程界的震动都非常大。

这两次事故说明：建造现代城市的摩天大厦以及架设电视塔、气象塔、大型导航雷达天线和建设跨江、跨海大桥等高大的建筑物时，在设计中都需要考虑建筑物高度上的风的垂直分布和阵风强度，还要知道风在水平方向的分布情况。因为，风速大小往往对建筑物的稳定有着重要影响。此外，大气污染，森林火灾的蔓延，灌溉、水库的蒸发，风蚀，风力发电装置的设计以及发射卫星和火箭的气象保障等，都直接或间接地与风随高度的变化有关，都需要准确地去计算风随高度的变化规律。

气象学家做过这样的统计：当离地面10米的高度上刮3级风（风速为3.4～5.4米/秒），平均风速为4.4米/秒时，在大约20米高的6层楼顶上，较开阔的乡镇地区风速可增大12%，即增大到4.9米/秒；而在大城市上空，风速可增大到26%，即增大到5.5米/秒，也就是说到6层楼顶风已达到4级了（风速为5.5～7.9米/秒）。如果在一个约200米高的电视塔顶，风速会增大得更多，在乡镇将增大54%；在大城市则增大2.7倍，由原来的4.4米/秒增大到11.9米/秒，也就是说，地面是3级风，到电视塔顶已是6级风了。

在气象学上，一般把由地面至1000米的高度层称为摩擦层。在摩擦层中，因为地面摩擦影响随高度增加而逐渐减小，所以风速随高度增加而增大。空气在近地面附近流动时，地表对它会有阻力，这就是摩擦力。由于受地形起伏、植物和建筑物的影响，对前进的气流有摩擦阻力，大量消耗了气流的动能，所以在多山、多森林的地带和大城市，风速一般很小；在海面、平原、小城镇和农村，由于摩擦阻力较小，风速则一般较大。而地面粗糙，气流在地面附近引起的乱流增大了高、低层空气的混合作用，因而使上下风速相差变小。乱流愈强烈，上下风速相差愈小。

在山区，风随高度的变化规律和平原上不完全一样。山谷底部摩擦阻力大，风速较小；山谷两侧近山顶或山脊处的气流，由于向两侧漫流扩散，从而产生摩擦阻力，风速也较小。只有在山谷底部以上一定高度，地面摩擦阻力小，气流也不能向两侧漫流扩散，峡谷效应最大，所以风速比山谷上下部都大。山顶为风速最大的地方。高山顶上的风速与山麓相比，一般是山越高，二者风速差越大。例如，高山顶与山麓相对高度差为100米时，山顶风速比山麓大39%；200米时大62%；300米时大77%；500米时大92%；1000米时大98%；1000～3000米时山顶风速为山麓风速的2倍。山峰愈陡，在同样高度差下，比值也愈大；反之，则比值愈小。当山峰坡度为20°～30°时，上述比值可减小10%～20%。

一般说来，当高度达到1000米左右时，地面摩擦力的影响便基本消失。在此高度以上的大气称为自由大气，气流速度主要决定于该高度上气压梯度的大小。观测表明，从摩擦层顶向上到对流层顶（10～12 千米），风速随高度增加而继续增大，在对流层顶附近有一支狭窄的强风带，风速达几十米每秒，大的可达 100～200 米 / 秒。这支几乎环绕全球的强风带称为急流。

山区风随高度变化

在对流层顶上的急流统称高空急流。除了高空急流外，还有所谓低空急流，主要发生在对流层低层，其范围、风速大小都比高空急流小，仅是一种局地现象，但与暴雨、雷电等强对流天气有联系。

风向随高度也是有变化的。在陆地上，地面风向与 1000 米高度以上的风向相差 30° 左右；在海洋上差异较小，约为 15°。地面愈平滑，偏角愈小，同时这个偏角随高度的增加而减小。在北半球偏角呈逆时针旋转，而南半球则相反。

6. 风随时间的变化

在近地面层，正常的风速日变化是午后最大，此后逐渐减小，到清晨最小，日出后风速又增强。白天风速的变化较夜间快得多，这在暖季的晴天尤为显著。风速日变化的这种特征，夏季在地面到 100 米高处而冬季只在地面到50米高的气层中出现。离地面再高一点的地方，风速日变化恰好相反，最大值出现在夜间，最小值出现在白天。

风速的日变化，是因为午后太阳光的照射最强，地面吸收热量的总量相应地达到最大值，近地层空气也随之增热，膨胀上升，致使上空的冷空气下沉。通常由地面到大约100米的近地气层中，上层风大于下层风。由于上下气流的对流交换，上空速度较大的气流传播到低层，当到达地面后，多少还保持着原来的较大速度，使这时地面风速成为一天中的最高值。之后，由于地面热量渐渐减少，造成气温随高度升高的现象，于是近地面空气渐渐形成稳定结构，使空气的上下对流作用减弱，上空对地面的影响减弱，地面风速也随之减小。一直到次日凌晨日出前，近地面空气层的结构极为稳定，地面风速达到最小值。因此，在夏季晴朗无云的日子，日照强烈，地面增温，空气的上下对流旺盛，风速的日变化也就显著。而在冬季多云的日子里，日照不强，地面增温不显著，空气上下对流不旺盛，风速的日变化也就不明显了。

有时，我国北方冷空气南下，冷空气前锋正好在晚上到达人们所住的地方，这时风就比白天大。因此，在没有天气系统影响的情况下，白天风力总要比晚上大一些。

风速的变化与季节有关系。在北半球中纬度地区，冬季冷空气盛行，冷高压势力强大，而夏季暖湿空气盛行，高气压势力没有冬季那样强大，相对较弱。因此，风的最大速度往往出现于冬季，最小风速一般出现在夏季。我国大部分地区，在春季3—4月风速最大，夏季7—8月风速最小。

风向的变化受地理因素影响很大，许多地区的风向受地球上气压带的南北移动以及海陆间温度差异的影响而发生季节变化。我国冬季的风，大多是从大陆高压中心（西伯利亚高压区）吹来的，多西北风、北风和东北风。在夏季，我国大陆形成低气压，风多从太平洋高压区吹来，多东南风、南风和东风。在热带的沿海地区，白天海洋的气压比大陆要高，风从海洋吹来；夜里大陆温度降低，气压较海洋为高，风就从陆地吹向海洋了。

昼夜风速变化

7. 风的“善恶”

茫茫大气的上下之间，特别是在贴近地面 20 千米内的辽阔空间里，风传输着热量和水汽。大范围的热量和水汽混合，使空气的温度和湿度得到调节。风还能把云雨送到遥远的地方，使地球上的水分循环得以完成。

东北信风在大西洋接近赤道一带激起了强有力的海流。风把大量的海水驱向墨西哥湾，到了这里开始作圆弧形的沿着北美洲海岸的流动，而后穿过海峡再向广大的洋面流去。它与安的列斯岛的洋流会合以后，形成了世界上最强有力的海水流——墨西哥湾暖流，这股暖流将南方的温暖带到了欧洲西北部。有人估计，这股暖流每年给这里每 1 米长的海岸带来的热量，等于燃烧 6 万吨煤所产生的热量！

欧洲西北部温和的气候主要就是由墨西哥湾暖流造成的。而西欧温暖的气候，也大大地依靠不时从海洋吹来的西南风，这种风带来了温暖和潮湿的空气。

在北太平洋，东北信风把海水向西吹（北赤道海流），由于西岸陆地的阻挡，它转向南、北方向。向北的这支从我国台湾东面进入东海，再向东北，然后从日本九州南面流出东海。这支海流比周围海水温暖，颜色蓝黑，称为黑潮暖流。黑潮暖流有一个小小的分支沿黄海向西北方向流去，穿过渤海海峡到达秦皇岛的沿岸一带，送去了大量的热量，这是这里冬季海水一般不结冰的一个重要原因。黑潮暖流的另一支直抵日本近海，足以使那里的海水温暖起来，冬季的水温要比同纬度的太平洋东岸高出 10 ℃ 左右。

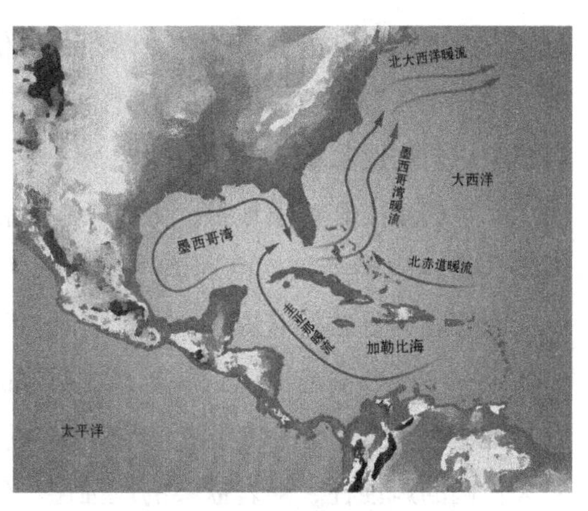

墨西哥湾暖流示意图

植物的一生都离不开风的帮助。微风能帮助植物撒播花粉，让一些异花授粉的植物得到必要的花粉，结出果实，繁衍生息，像青松、白杨和紫红的高粱，就都是由风当了“媒人”才产生后代的。柳树、蓟花、榆树的种子都要借风遨游到远方，在新的环境里生长发育，继续繁衍自己的新家庭。

风能为植物的生育创造舒适的条件。随着微风的吹拂，植物群体内部的空气能不断地得到更新，使植物通风透光，少生病虫，并改善植株周围空气的二氧化碳浓度，使光合作用保持在较高的水平上。

风还有利于近地层大气污染物的扩散，对净化空气起到积极作用。

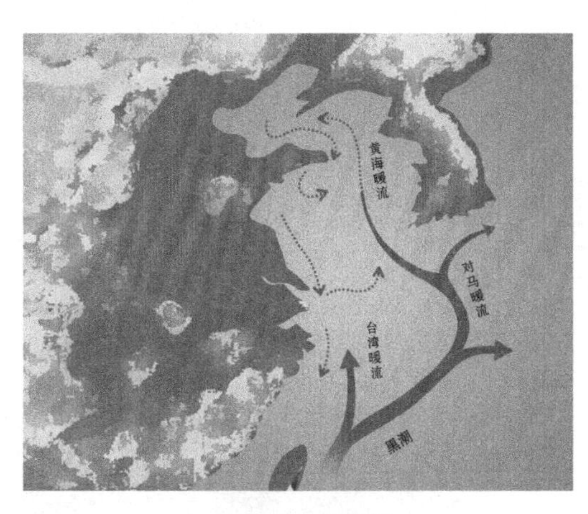

黑潮暖流示意图

远在 2000 多年前，人类就开始用风车灌溉田地，碾米磨面，用风帆驱动船只加速行驶。如今，科学家们让风带动发电机发电，还有人研制了风帆万吨巨轮。风作为有助于减少污染的清洁能源，已成为能源舞台上的一个重要角色。

可是，不正常的风也给人类造成许多危害。当狂风怒吼的时候，风使已成熟的作物脱粒、落果、倒伏、折茎；狂风能把肥沃的沙土吹走，使作物根部裸露；也会把别处的沙土吹来，淹没良田；风还能把大树连根拔起，把房屋吹塌，把船只吹翻……

在某些高山和沙漠地带，大风长期吹击那里的岩石，以至于即使是最坚硬的岩层，也渐渐被吹酥而剥蚀下来。大风中裹挟着沙石一路上互相冲撞着、摩擦着并且破坏着岩石，会把岩石打得光溜溜的，或者是打成像蜂窝似的一个一个的凹洞或深坑，甚至造成对穿的穴道。从我国新疆罗布泊附近的雅丹地貌区，到乌尔禾地区的著名“风城”，各种嶙峋怪石随处可见，宛如擎天长剑的风蚀柱、巉岩欲坠的风蚀崖、酷似巨蟾安卧的风窝石，还有仿佛拱桥的风蚀石拱、犹如古代的铁甲武士列队而立的石丛……这些都是风对岩石玩的把戏。

山岩在被风破坏的过程中产生了大量的沙粒和尘土，有的沙粒被水冲到河流中及海边，有的则沉积在沙漠上，成为浮动的、容易飞扬的沙层。荒漠中的沙层常常对人类的文化进步形成威胁。历史上曾记载了不少先例，在风力作用下的流沙，掩埋了城镇和大片肥沃的土地。

科学家研究证实，辽阔的黄土高原也是风力搬运和堆积而成的。

为了束缚风的“野性”，人们在沙漠、草原、海滨和山麓营造防护林带、林网，设下层层屏障，羁绊风的手脚，并且用现代化的气象仪器监测风的活动，以避其害而趋其利，让风为人类服务。

（二）全球性的风

1. 全球大气环流

地球表面的大气，经常在广阔的区域里做相当稳定的气流运行，有的规模较大，稳定运行的时间较长；有的规模较小，稳定运行的时间较短。这种大范围的大气运行状态，称为大气环流。

全球大气环流是全球性空气水平运动，即风的直接主导因素。

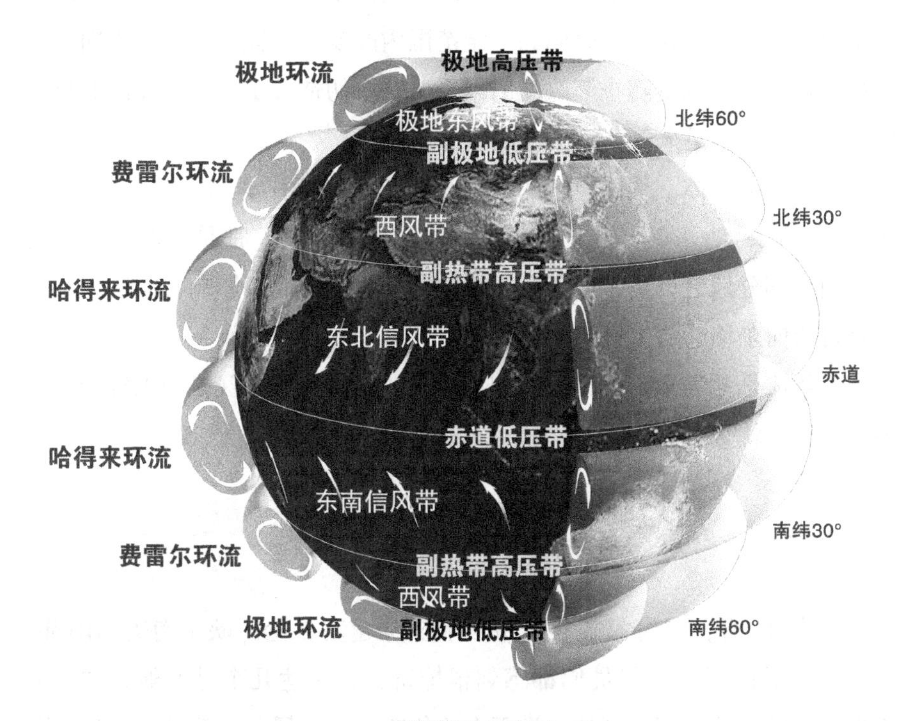

三圈环流示意图

太阳每时每刻都把巨大的热量投放到地球上。但是从赤道到极地的各区域，大气热量收支并不平衡：低纬度地区热量收入多，支出少；高纬度地区热量收入少，支出多。太阳给地球系统加热不均，导致地球大气冷暖空气大规模的经向运动。由于高空温度低和地球自转对运动气流的偏向力的影响，赤道上升气流在流向极地的过程中运动方向发生偏转和下沉，在纬度 30° 左右下沉分为南、北两支气流，形成纬度 0 ° ～ 30° 间的一圈环流，称为哈得来环流；其中一支流向极地的气流在纬度 50° 左右与极地流向低纬度地区的冷空气相遇而抬升，在高空又分成南、北向的两支气流，形成了极地和中纬度地区的两圈环流，分别称为极地环流和费雷尔环流。

以上三圈环流大体上反映了全球大气环流的最基本情况：赤道与两级之间的温差是引起和维持大气环流的基本原因；地转偏向力使赤道和两极温差所引起的南北向环流变得偏于东西环流，所以大气环流的基本形势是以纬向气流为主，并构成后面介绍的行星风带。

由于海陆分布和地形的影响，大气环流的运行并不十分规则。大陆冬季是冷源，其上空形成庞大的冷高压，如亚洲东部的西伯利亚高压；而夏季大陆是热源，其上空形成范围广阔的热低压。大洋中也存在一些常年性的高低气压系统，它们都会在一段时间和一定范围内改变气流原来的运行方向。有些地区又存在着大范围随季节改变的风系。这一切造成了大气环流的曲折复杂性，但其本身又是大气环流的组成部分。

大气是一个整体，地面空气的运动受着高空气流引导。因此，在地球上的大部分地区，地面空气运动产生的天气和天气系统，都是自西向东移动的。我国大部分地区，由于位于西风带的领域里，因此，影响我国的天气系统总是自西向东移动的。

大气环流是地表水、热分布的调节系统。地球上各种气候和天气变化形成的主要因素就是大气环流。

2. “马纬度”与“贸易风”

1519 年 11 月，航海家麦哲伦带领船队穿越麦哲伦海峡（南美洲南部）向太平洋行驶的时候，船员们都感到很惊奇，在长达几个月的航程中，大海表现得非常顺从人意。开始，海面上徐徐吹着东南风，把船队一直推向西行。后来东南风渐渐减弱了，大海变得从未有过的风平浪静。所以，船员们把这个大海洋命名为“太平洋”。

那时，人类处在靠风帆航行的时代，因此，海洋上无风并不都是件好事。16 世纪初，西欧的商人们曾争先恐后地组织大批船队，除了装运货物以外，还装运马匹运往美洲，因为那时美洲大陆还没有马，运输和农耕很不方便。奇怪的是，当船队沿着北纬 30° 附近的大西洋航行时，常常遇到海面上像死一般的寂静，连一丝风影也没有，闷热异常。靠风力推动的帆船只好

船员将死马抛进大海

无可奈何地停泊在那里，十天半个月地等候着风的降临。时间长了，马匹因缺少淡水和饲料纷纷病倒了，死去了，最后只有把死马成批成批地抛进大海。这种不幸的情况在南纬 30° 附近的海面上也屡有发生。人们为这个令人恐惧的无风地区起了奇怪的名字，叫作“马的死亡线”，又称为“马纬度”。

为什么地球上有些地方老是吹东南风，而有些地方却无风呢?

风带是太阳辐射的不均匀分布和地球自转偏向力共同作用的结果。根据大气三圈环流的形成原理可知，从赤道向两极依次排列着赤道低压带、副热带高压带、副极地低压带和极地高压带。在这些带里，低空大气层中存在无风或风向多变的微风地带。

从赤道低压带到副热带高压带之间，是北半球的东北信风带和南半球的东南信风带，范围在南、北纬度 30° 之间。由副热带高压带向赤道地区流动的空气，在地球自转偏向力的作用下，北半球转为东北风，南半球转为东南风。这种风的风向稳定，风速不大，一般只有 3 ～ 4 级，在中心区域可达 5 级，几乎常年如此，“颇守信用”，所以叫信风。信风带的平均厚度，从地面向上约有 4 千米。信风的上空吹着风向相反的反信风。信风都是向纬度更低、气温更高的地带吹送的，因此它比较干燥，世界上有些沙漠地区就分布在信风带内。信风带总面积占世界洋面的 1/3。在使用帆船进行海外贸易的年代，人们往往利用这种信风横渡大洋，所以信风又有“贸易风”之称。

麦哲伦船队在通过太平洋时，开始遇到的是南半球的东南信风带，经过东南信风带后，便进入了赤道低压带，因此会风平浪静。而“马纬度”的所在，恰好是南、北半球的副热带无风带。

从副热带高压带向极地流动的空气，在地转偏向力的作用下，北半球形成西南风，南半球形成西北风。这一带纬度较高（30° ～ 60°），风向偏转较大，所以都是偏西风，又因风速较大，叫作盛行西风带。强大的西风带几乎控制了整个对流层（对流层顶高度在赤道地区最高，为16～18千米，愈近两级愈低），某些地区甚至伸进了平流层的下部。西风带中阴晴雨雪变化频繁，气旋活动较多，天气系统移动较快。

麦哲伦带领船队穿越麦哲伦海峡

极地附近的气压很高。地转偏向力使南、北两极高气压带向低纬度辐射的气流，分别在纬度60°与90°之间偏转成东南风、东风（南半球）和东北风、东风（北半球），形成两个极地东风带。这一带风速较弱，北极地区冬季平均风速为2米/秒，夏季平均风速仅为1米/秒。

这些风带在海洋上表现得极为显著。但是在大陆上和海洋与大陆交界的地方，由于地势高低和海陆性质的不同，气压和风的带状分布遭到破坏，转而表现为季风和一些地方性风。

3. 季风—— 地球的常客

季风是指盛行风向随季节而显著变化的风。大陆和海洋之间大范围的风向随季节有规律地改变是季风的一种重要类型。这种海陆季风在冬季由大陆吹向海洋，夏季由海洋吹向大陆。

为什么风会随着冬、夏季节的交替而发生方向相反的交换呢？

因为陆地增温快，散热也快；海水增温慢，散热也慢。水温增高1 ℃时，需要的热量多，降低1 ℃时，放出来的热量也多；而陆地增温和降温所需要的和放出的热量较少。

大陆和海洋在一年里增热和冷却程度不同，就会形成季风。冬季大陆冷却快，温度比海洋上低，使大陆上的气压比海洋上的高，气压梯度从大陆指向海洋，于是空气由大陆流向海洋；夏季大陆增热快，温度比海洋高，使海洋上的气压比大陆上的高，气压梯度由海洋指向大陆，于是空气便从海洋流向大陆。这样，风向就随着冬夏季节的交替而发生了方向正好相反的变换。海陆之间气温差越大，气压差也就越大，季风就越强盛。

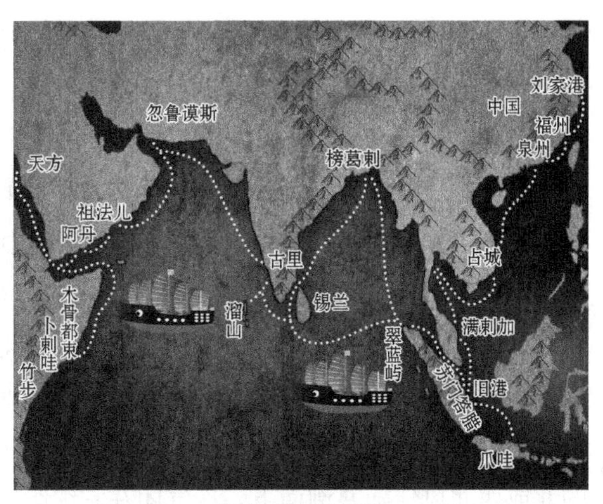

郑和船队航线图

南亚、东亚、赤道非洲和澳大利亚北部，都是季风活动明显的地区。此外，在中美洲的太平洋沿岸，也有小范围的季风出现。不过，这些地区季风的性质不完全一致，其成因往往是海陆分布、行星风带和地形等因素综合作用的结果。

亚洲南部和东部的季风表现得特别明显。这是因为亚洲是世界上最大的洲，加上和它毗连的欧洲，陆地面积就更大了。而亚欧大陆东面濒临的太平洋又是世界上最大的海洋，南面濒临的印度洋面积也不小。这样，冬季和夏季在海陆之间所产生的气温差和气压差都比其他任何地区显著，再加上青藏高原的影响，所以东亚季风特别明显。它的范围大致包括我国东部、朝鲜半岛和日本等地。冬季风盛行时，这些地区的气候是低温、干燥、少雨；而在夏季风盛行时，气候是高温、湿润和多雨。

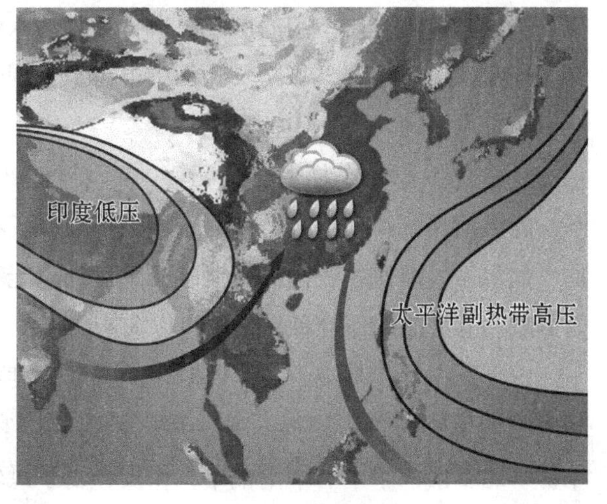

夏季海陆气压形势

我国东部和南部广大地区，正好处在大陆与海洋高低气压中心之间的过渡地带，为东亚季风运行所必经之路。冬季盛吹偏北风，夏季盛吹偏南风，年年如此，很有规律。所以，我国也是世界著名的季风国家。

明代航海家郑和七下西洋，经南海、北印度洋直达非洲东岸，到过 37 个国家。他们就是利用季风作动力，每次多在农历十月从江苏浏河（太仓刘家港）乘东北季风出发南下，次年 7 月、8 月乘西南季风北上回国。

在冬季，亚洲内陆寒冷，是一个势力强大的高压区，中心为蒙古高压或西伯利亚高压，平均气压 1040 百帕。高压区中心的空气下沉，集聚形成一个规模很大的干燥的寒冷气团。这时候，亚洲东面的太平洋高压减弱退缩，南面的印度洋气压较低。这样的气压形势，使得西伯利亚高压的冷空气不断南下，成为强劲的冬季风，可直达东南亚。在它的控制下，气温急剧下降。因此，我国北方的天气晴朗、寒冷、干燥。在东部沿海地区，常有 8 级以上的北或西北风伴随寒潮南下。冷气团在它继续向南推进的过程中，大气的低层因受地面的影响，温度和水汽都有所增加，性质逐渐改变。到达南方时，风力已大为减弱，风向也逐渐由西北风转为北风或东北风，在它影响下的天气，东部沿海地区虽然也是寒冷、干燥，但在程度上已比北方小得多了。

到了夏季，海陆气压形势发生了根本的变化。这时候，西伯利亚高压衰退北移，亚洲大陆内部气温急剧升高，转变为低气压，中心在南亚印度半岛西北部，并向东延伸到我国境内，我国大部分地方气压低于 1005 百帕。与此同时，太平洋副热带高压加强，中心在夏威夷群岛一带，也称夏威夷高压，平均气压高于 1023 百帕。从这个高压吹向我国的风，就是东南季风。它带来了温暖湿润的空气团。另一股从赤道附近的印度洋面吹来的西南季风，则带来更为湿热的空气团。这两种气团为我国夏季降水提供了丰富的水源。特别是西南季风，它的湿度更大，带来的水汽更多。但西南季风主要影响我国西南地区南部、华南及长江中下游，范围较小。我国东部广大地区都受东南季风影响。

夏季是各种农作物生长最旺盛的时节。这时期风从海上吹来，湿热多雨，高温期和多雨期相结合，为农业生产提供了有利条件。特别是喜温湿作物，如水稻，即使在我国黑龙江省的最北部也能种植。同样，由于冬季季风的影响，喜干凉的作物种植范围得以向南扩展。

由于天气变化多端，每年冬夏季风强弱程度不同，造成雨区及其停留时间的长短也不一样，因而对某一地区雨量的多寡影响很大。夏季风强盛的年份华北多雨，华中、华南偏旱；相反，夏季风较弱的年份，华北偏旱，华中、华南偏涝。

（三）地方性的风

1. 海陆风和山谷风

在海滨地区，只要天气晴朗，白天风总是从海上吹向陆地；到夜里，情况相反，风从陆地吹向海上。从海上吹向陆地的风，叫作海风；从陆地吹向海上的风，称为陆风。海风和陆风都比较轻和，范围也不大，所以气象上常把两者合称为海陆风。

白天，太阳照射后，陆地上空增温迅速，而海面上气温变化甚微。这样，温度高处空气轻而上升，陆地上的气压便显得低些。陆地上的空气，上升到一定高度之后，它的上空气压又比海面上空气压要高一些了。因为在下层海面气压高于陆地，在上层陆地气压又高于海洋，而空气总是从气压高的地区流到气压低的地方，所以，就在海陆之间出现了范围不大的空气环流。陆地上空空气上升，到达一定高度后，从上空流向海洋；在海洋上空，空气下沉，到达海面后，转而流向陆地。这支在下层从海面流向陆地，方向差不多垂直海岸的风，便是海风。

夜间，情况恰恰相反：陆地上，空气很快冷却，气压升高；海面降温比较迟缓（同时深处较温暖的海水和表面降温之后的海水可以交流混合），因此比起陆面来仍要温暖很多，这时海面是相对的低压区。但到一定高度之后，海面气压又高于陆地。因此，在下层空气从陆地流向海上，在上层空气便从海上流向陆地。在这个环流的下层，从陆地流向海洋、方向大致垂直海岸的气流，便是陆风。

一般海风比陆风要强。因为白天海陆温差大，有利于海风的发展。海风前进的速度，最大可达 5 ～ 6 米 / 秒，陆风一般只有 1 ～ 2 米 / 秒。滨海一带温差大，海陆风强度也大，随着与海岸距离的逐渐增大，海陆风也逐渐减弱。

海陆风发展得最强烈的地区，是在温度日变化最大以及昼夜海陆温差最大的地区。我国沿海及台湾和海南二岛，海陆风很明显，尤其是夏半年（4—9 月），海陆温差及气温日变化增大，海陆风较强，出现的次数也较多。而冬半年（10 月至翌年 3 月）的海陆风没有夏半年突出，出现机会比较少。

海风（上）和陆风（下）示意图

海风的影响范围也比陆风广。海风深入大陆在温带为 15 ～ 50 千米，热带最远不超过 100 千米；陆风伸入海上最远可达 30 千米，近的只有几千米。以垂直厚度来说，海风在温带约为几百米，热带也只有 1 ～ 2 千米。在我国台湾，海风厚度较大，为 560 ～ 700 米，陆风为 250 ～ 340 米。

海风登陆带来水汽，使陆地上湿度增大，温度明显降低，甚至形成低云和雾。所以，夏季沿海地区比内陆凉爽，我国北方的大连、青岛及北戴河等地因而成为避暑胜地。在冬季，沿海地区没有内陆那么寒冷，但这不是因为海风吹来所致，而主要是因为较暖的海洋调节的缘故。

山谷风的形成原理跟海陆风类似。白天，山坡接受太阳光热较多，成为一只小小的“加热炉”，空气增温较多；而山谷上空，同高度上的空气因离地较远，增温较少。于是山坡上的暖空气不断上升，并从山坡上空流向谷底上空，谷底的空气则沿山坡向山顶补充，这样便在山坡与山谷之间形成一个热力环流。下层风由谷底吹向山坡，称为谷风。到了夜间，山坡上的空气受山坡辐射冷却影响，“加热炉”变成了“冷却器”，空气降温明显；而谷底上空，同高度的空气因离地面较远，降温较小。于是山坡上的冷空气因密度较大，顺山坡流入谷底，谷底的空气因汇合而上升，并从上面向山顶上流去，形成与白天相反的热力环流。下层风由山坡吹向谷底，称为山风。

谷风的平均速度2～4米/秒，有时可达7～10米/秒。谷风通过山隘的时候，风速加大。山风比谷风的风速小一些，但在峡谷中，风力加强，有时会吹损谷底中的农作物。谷风所达厚度一般为谷底以上500～1000米，这一厚度还随气层不稳定程度的增加而增大，因此，一天之中，以午后的伸展厚度为最大，山风厚度比较薄，通常只及300米左右。

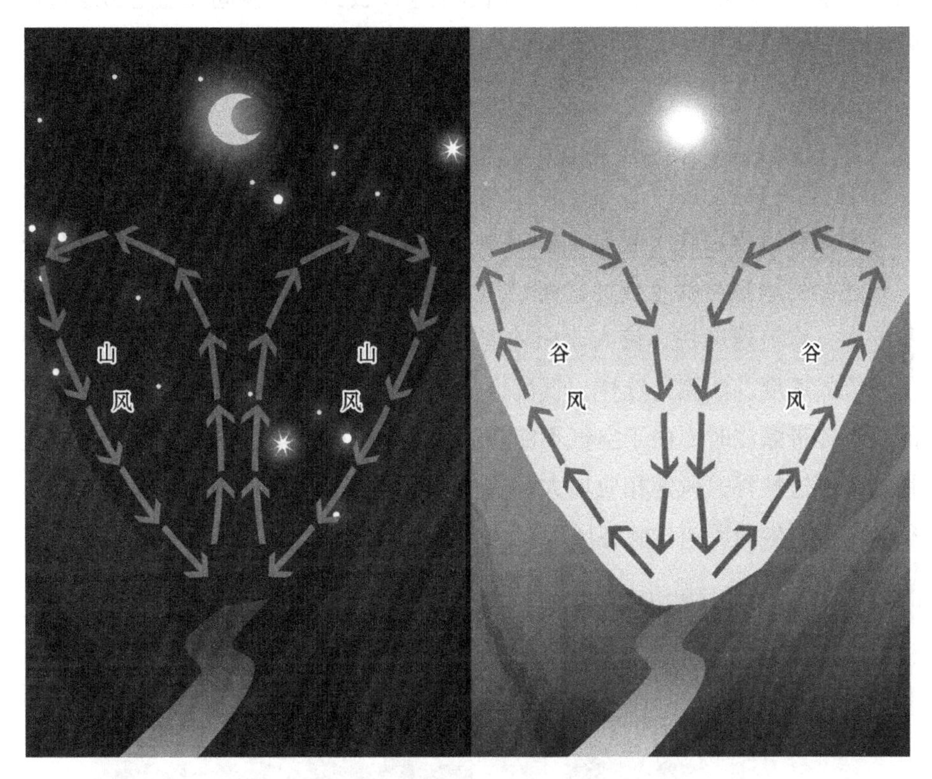

山风（左）和谷风（右）示意图

在晴朗的白天，谷风把温暖的空气向山上输送，使山上气温升高，促使山前坡岗区的植物，包括农作物和果树，早发芽、早开花、早结果、早成熟。冬季可减少寒意。谷风又把谷底的水汽带到上方，使山上的空气湿度增加，谷底的空气湿度减小；这种现象在中午几小时内特别显著。如果空气中有足够的水汽，夏季谷风常常会凝云致雨。这对山区树木和农作物的生长很有利。在夜晚，山风把水汽从山上带入谷底，使山上的空气湿度减小，谷底空气的湿度又增加。在植物生长的季节里，山风能降低温度，对植物体营养物质的积累，尤其是在秋季，对块根、块茎植物的生长膨大很有好处。春秋季节，低洼地区堆积了山风带来的冷空气，加上夜间强烈辐射冷却，会造成霜冻，而半山腰和坡地中部往往不受冻害。

值得重视的是，我国除山地以外，高原和盆地边缘也可以出现与山谷风类似的风，其风向、风速有明显的日变化。出现在青藏高原边缘的山谷风，特别是与四川盆地相邻的地区，对青藏高原边缘一带的天气有着很大的影响，在水汽充足的条件下，白天在山坡上空凝云致雨，夜间在盆地边缘造成降水。

2. 咆哮的峡谷山口大风

唐代诗人李白在《早发白帝城》中说道：“朝辞白帝彩云间，千里江陵一日还。两岸猿声啼不住，轻舟已过万重山。”白帝城因地势高，导致水流落差大，水流速度快，诗人李白才能“一日过万重山”。即地势的落差加快了水流的速度。江流是这样，气流也是这样。当气流从开阔地区向两山对峙的峡谷地带灌注时，由于空气不能在突然变窄的峡谷内大量堆积，于是气流将加速流过峡谷，风速相应增大。这种作用叫作地形对气流的“狭管效应”。狭管效应产生的风叫作峡谷风。

狭管效应示意图

在我国兰新铁路烟墩—七角井—十三间房—吐鲁番一带，是著名的百里风区。这里风速很大，一旦风起，8 级以上，飞沙走石，人能被吹走，甚至把火车吹脱轨。唐代的玄奘和尚经过这里时曾记述，“昼则惊风拥沙，散时如雨”，可见风速之大。大风一般出现在春秋两季，夏季也有，冬季最少。

哈密自古就是丝绸之路上的重镇，素有“西域襟喉”之称。哈密十三间房出现过瞬时极大风速达 50.8 米 / 秒的纪录。公元 1770 年，也就是清乾隆三十五年，“四月朔（四月初），白昼忽有大风从东北来，声若雷，将南哨门外碑亭石碑吹折三段，但碑亭墙垣无倾覆”。100 多年后的 1873 年，即清同治十二年的冬天，在哈密沁城也刮了一场大风，民房屋顶多被风揭去，衙门都司署前的照壁也被风吹倒。当地气象资料统计，十三间房 3—9 月为多风季节，5 月大风频数最多，其次是 4 月和 6 月。

新疆的达坂城、阿拉山口、玛依塔斯老风口、克拉玛依、塔城和喀什等地，都是著名的大风口。达坂城位于博格达山西侧，全年大风日数 180 天以上，有时持续几天都刮大风，风力常达 10 级以上。1961 年夏天，一列从上海开往乌鲁木齐的列车，在这里受到大风的袭击，一下子被掀翻了 10 节车厢。阿拉山口在新疆西北部，这里两侧都是几千米的高山，而隘口海拔只有 200 ～ 370 米。阿拉山口气象站在艾比湖畔的戈壁滩上，位于隘口东端附近，8 级以上大风日数年平均 166 天，风速常达 40 米 / 秒以上，曾经刮倒风向杆，吹坏风速仪。气象人员在测风时常用粗绳系身，卧地爬行，以免被风吹走。因此，艾比湖有“风湖”之称。

著名的玛依塔斯老风口是省道 221 线通往塔城的必经之地。在长达 25 千米的老风口路段，每年 8 月下旬至翌年 5 月中旬，大风频繁，夏季飞沙走石，冬季风雪横行，即使越野车也会被吹翻。气象资料显示，玛依塔斯年大风日数达 150 多天，最多年份有 180 天，8 级大风次数年平均 58 次，最多年份为 88 次，最大瞬时风速为 40 米 / 秒，12 月平均最大风速达 12.8 米 / 秒。

甘肃安西和云南下关也是比较著名的风口区。安西位于河西走廊的疏勒河畔，北有海拔 2583 米的马鬃山，南有海拔 3000 多米的野马山，极大风速 34 米 / 秒，年大风日数 80 天以上，素有安西“风库”的说法。这里每次刮起风来，就像江南的连绵秋雨一样，一次大风过程就是好几天。大风一起，昏天黑地，飞沙走石，汽车就是打开大灯也无法看清道路。

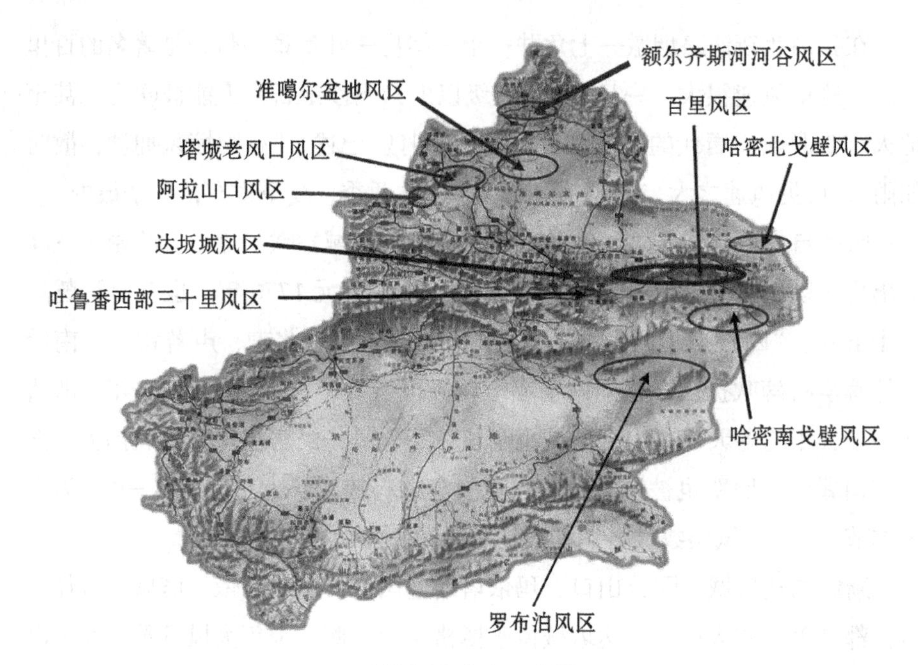

新疆风区分布示意图

云南洱海南端的下关市，正处在西洱河的谷口，洱海是通过东西走向的西洱河流入漾濞江的。它西宽东窄的地形，使冬春季节沿河谷东进的西风气流流线密集，风速加大，每年大风日数在 35 天以上；一旦风起，常常整天狂风咆哮，电线“呼呼”作响，所以有“风下关”的称号。据说这里的瞬时最大风速曾达 50 米 / 秒左右。

不仅是山隘河谷多大风，在和盛行风向一致的海峡，也由于狭管效应而常常大风咆哮。我国台湾海峡刮的偏东北大风正是这种海峡大风的典型例子。海峡中的澎湖列岛，有 138 天刮 8 级大风，马祖岛更是多达 169 天以上，平潭岛 8 级以上大风也有 90 多天。台湾海峡的大风日数虽不算多，但是年平均风速都很大，例如澎湖列岛年平均风速为 6.5 米 / 秒，平潭岛为 6.8 米 / 秒，马祖岛为 7.3 米 / 秒以上，这些都比大陆一些高山之巅的风速还要大。

3. 焚风和布拉风

在气流从高气压向低气压流动的过程中，遇到山脉阻挡时，便被迫沿着迎风面的山坡爬升，然后翻越山脊沿着背风山坡飞泻而下。气流翻越山脊顺坡沉降，每下降 100 米，气温将升高约 1 ℃。这就是说，当空气从海拔 4000 ～ 5000 米的山岭沉降到山麓的时候，气温就会升高 20 ℃以上。由于它炎热而干燥，所以被称为焚风。

焚风，这个名字源自拉丁语，意为暖风。在我国太行山，冬季来自西伯利亚的冷空气南下时，就沿着斜坡倾泻下来，形成焚风。太行山麓、燕山脚下的北京，1 月平均气温 -4.7 ℃，比同纬度的秦皇岛高出 1.2 ℃，比辽宁瓦房店、丹东等地分别高出 3.7 ℃和 4.1 ℃以上。因而，北京成为我国同纬度上冬季最暖的地方。

2009 年 2 月中旬，四川省出现了一次焚风现象。焚风发生时泸州、宜宾南部一带的天气异常燥热。当时的宜宾筠连县在下午 4 时时气温为 26 ℃，之后的 1 小时内气温骤然升高 10 ℃，达 36 ℃。而在接下来的 1 小时中，当地气温又迅速下降，到下午 6 时，气温降到 23 ℃。

焚风示意图

这次焚风现象是由于来自印度洋的西南气流异常，湿度显著偏小，干热特征明显，加上川南连续多日出现晴热天气，气温持续攀升，湿度降低，因此这股气流越过云贵高原后，在川南一带倾泻而下，干热的空气加上下沉时增加的温度，使得川南一带的气温很快上升。特别是筠连县境内的最高山脉海拔约 1700 米，县城海拔仅 400 米左右，由于海拔相差悬殊，温度增加更为剧烈，从而出现了焚风。

世界上最著名的焚风发生在欧洲的阿尔卑斯山北坡。从意大利波河平原的米兰乘火车穿越阿尔卑斯山的辛普隧道，就会领略到焚风的威力。当山南的米兰是雨天，火车驶近隧道时，常常是倾盆大雨，寒气袭人；可是来到山北的瑞士，却是南风阵阵，晴空万里，干热难熬，真是“山前山后两重天”。

焚风会使初春顿时变得像盛夏那样；在夏季，会使天气更加闷热，常使果木和农作物干枯，产量大大降低。

焚风的出现对人的情绪和健康也有很大影响。当这种风吹来时，由于空气干燥、闷热，有的人会因此沮丧不已，犯罪率和工伤事故增加，交通事故也明显上升。一些人在焚风吹来时，会患上偏头痛、眩晕、恶心、烦躁、血压升高、呼吸困难、抑郁等“焚风综合征”，易诱发急性阑尾炎、溃疡病、手术后出血、胆结石症、肾绞痛、心肌梗死等。

焚风也不是尽干坏事的。由于它能加速积雪融化，户外放牧就可以提前。干热程度较轻的焚风可以促使玉米和果树早熟。罗纳河上游河谷的瑞士的玉米和葡萄，就是靠了焚风的热量而成熟的。高加索和塔什干晚夏的焚风，使玉米、谷类作物提早成熟，获得丰收。

奇怪的是，从背风坡降下的风也不全是热风，有时也会出现冷风。其实说怪也不怪，这是一种从寒冷山地或高原上向下倾落到温暖海边的凛冽风暴，气象学上称它为布拉风。

1948 年 1 月 12—13 日夜间，在黑海东北岸的诺沃罗西斯克城，突然刮起了一场强劲的东北风。随着东北风呼啸而来，气温跟着陡降到 -20～-16℃，严寒的空气从诺沃罗西斯克城背后的瓦拉特山脉上像决了堤的洪水奔腾直下，在黑海上掀起了滔天巨浪。那飞溅的浪花在海岸及沿岸的建筑物上迅速凝结起厚厚的冰层。冰层把许多民房的门窗以至烟囱都给封死了。

这次布拉风持续了 3 个昼夜，把许多停泊在港口的船只掀上岸边，使船只遭到了严重破坏，有不少船只因为载冰太重而沉没。这种凛冽风暴还常常揭去诺沃罗西斯克城的居民屋顶，破坏通信和输电线路，吹翻公共汽车和火车车厢，甚至能把现代化的大船扔到岸上！

在布拉风发生以前，在寒冷的高加索山区发展着冷高压，而相邻温暖的黑海上则发展着暖低压。当高加索山区的冷空气移到它的余脉瓦拉特山脉（海拔 400～650 米）时，由于冷空气受黑海低压的吸引，便以强劲的速度沿着瓦拉特山脉陡直（坡度约为60°）的西南坡下降，像凌空而下的瀑布一般，直泻山麓海边，于是就形成了猛烈的布拉风。

在法国，来自北方的冷空气从罗纳河谷南下到地中海西北角的利翁湾沿岸，速度大大地增加，于是造成了一股很强的气流，风速高达75～100千米/时，有时甚至更快。这种风，当地人称它为密司脱拉风。这是一种在冬半年盛行的布拉风，最干冷的天气大多是由这种风造成的。

此外，像贝加尔湖上的萨尔玛风、爱琴海北岸的弗尔达尔风、意大利北部的曲蒙他那风等，都是又冷又干的布拉风。

4. 人类的天敌——黑风暴

黑风暴是一种特强的沙尘暴天气。黑风暴会给国民经济建设和人民生命财产安全造成严重的损失和极大的危害。

据历史文献记载，中国最早的沙尘暴记录是公元前205年于甘肃："夏四月，大西风，折木拔屋，扬沙昼晦。"公元前205—1949年的2154年间，我国至少发生沙尘暴70次，平均每31年发生一次。1949—2001年的52年间，我国共发生沙尘暴88次，平均1.7次/年，与历史时期的每31年1次形成了惊人的对比，尤以1952年在甘肃、1979年在新疆、1983年在西北五省（自治区）、1986年在新疆发生的一些强沙尘暴为甚。最严重的是1993年5月的那一次：西北和华北共90个地、市、县受到黑风暴袭击。据不完全统计，这次黑风暴袭击所造成的直接经济损失达5.4亿元，264人受伤、85人死亡、31人失踪，工、农、牧业生产遭受巨大损失。由于沙尘暴强度大，持续时间长，从西部地区吹来的沙尘、黄土，一直飘到江南水乡。由于西北风和高空气流的推动，被卷入空中的细微尘土再次吹入高空而形成黄沙云，在高空横穿中国大陆，进而长距离飞行，行程达9600千米，散落到太平洋。

20世纪，随着人口增加，土地沙漠化加剧，我国的黑风暴越来越频繁；60年代在我国发生过8次，70年代发生过13次，80年代发生过14次，90年代已超过20次。

2000年春季，我国北方大部分地区遭遇了1949年以来罕见的大旱，气温回升过早和大片严重沙化的干松土地，引发了有史以来面积最大、波及大半个中国的沙尘暴。其中北京地区3—4月间就遭遇8次沙尘暴天气，局部地区风力8～9级。大风裹挟着沙尘滚滚而来，能见度极低，首都机场航班受到严重影响，市内交通事故增加30%。同时，西北、华北、辽宁西部以及江淮等地也遭受到扬沙、浮尘和大风的侵袭。

沙尘暴的形成需要三个基本条件：大风、沙尘源和不稳定的大气。沙尘源一般为沙漠、退化的林草地、没有植被覆盖的干松土地以及城乡建筑工地。不稳定的大气产生一种垂直的上升运动，把沙尘卷扬得很高，再由大风将沙尘带走，就容易形成沙尘暴。

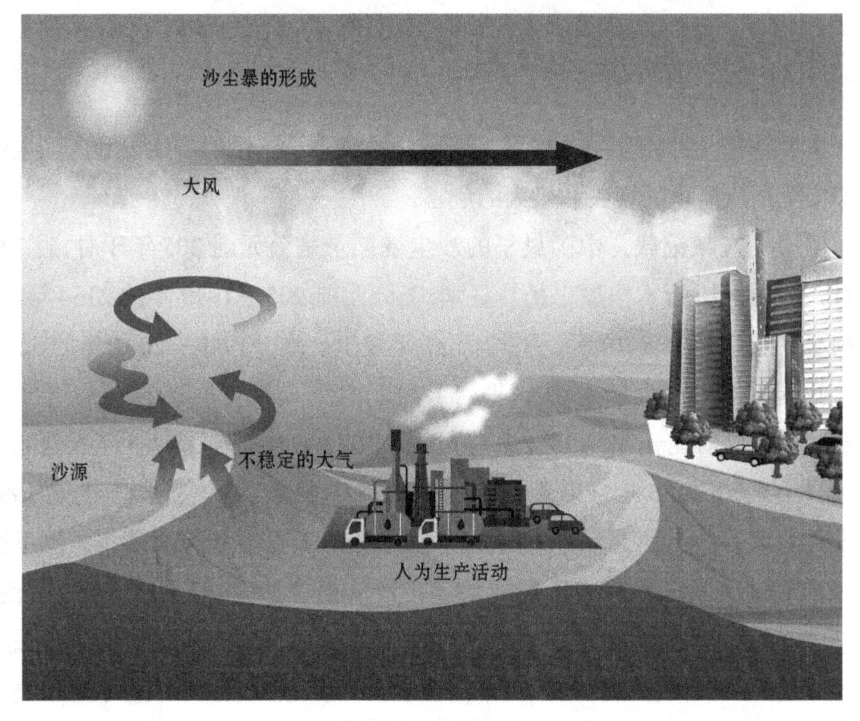

沙尘暴形成三要素

20世纪30年代，美国由于对中部大平原的不合理开垦，导致沙尘暴席卷中部许多个州，并向东侵袭纽约和华盛顿而进入大西洋。人们称那一时期为"肮脏的30年代"。1934年5月11日形成的黑风暴，从美国中西部刮起，它的尘云升到了3200米高度，大气中每立方千米含尘量达40吨。狂风以90～160千米的时速自西向东推进，很快发展成一条东西长2400千米，南北宽1400千米的黄色尘土带。黑风暴从西向东连续刮了3天，横扫了美国三分之二的地区，3亿多吨土壤卷进了大西洋，毁田670万公顷，冬小麦减产56亿千克，并造成人员伤亡。

类似的黑风暴在世界上许多地区都出现过。1990年2月底至3月上旬，一场特大黑风暴自北向南横扫了欧洲大部分地区。它来势凶猛，平均风力12级，最快速度达230千米/时。几十米高的大树被折断，一些教堂的尖顶也被吹倒。英国和德国等一些受灾严重的地方，海、陆、空运输全面瘫痪，电网等设施也遭严重破坏，人员伤亡惨重。瑞士一列高速行驶的特快列车被刮翻，另一列列车被刮得前后脱节，除车头外，所有车厢全部出轨。在北弗里西亚湾，一道用12万只沙袋修筑起来的堤坝，在风暴袭击下突然决口，汹涌的洪水顷刻间将田地、村庄淹没，使无数人无家可归。这次黑风暴波及法国、英国、德国、瑞士、西班牙、丹麦、荷兰、比利时、瑞典、挪威和苏联等十几个国家，数百人死亡，直接经济损失几百亿美元。

中国北方地区是全球四大沙尘暴区（中亚、北美、中非及澳大利亚）的中亚沙尘暴高发地带的组成部分。这是因为我国北方地区绝大部分属干旱、半干旱地区，同时气候多样，风力强劲，大风频繁，又广泛分布着沙漠、戈壁及沙化土地，地表沙尘物质极其丰富。内蒙古东部的浑善达克沙地中西部、阿拉善盟中蒙边境地区（巴丹吉林沙漠）、新疆南疆的塔克拉玛干沙漠和北疆的古尔班通古特沙漠，具有丰富的沙源物质，是我国北方强沙尘暴高频区，也是黑风暴高发区。

气象专家根据沙尘暴的天气形势特点、冷空气来源及云图特征，将影响我国的沙尘暴的移动路径分为三大类。一是西方路径：从蒙古国西部和哈萨克斯坦东北部东南下，影响我国新疆西北部及以南地区。二是西北路径：从蒙古国中西部东南下，影响我国内蒙古中西部、西北东部、华北中南部及以南地区；三是北方路径：从蒙古国东部南下，影响我国东北、内蒙古中东部和山西、河北及以南地区。

我国黑风暴主要出现在北方地区的3—5月。据统计，有的黑风暴只出现在一个县，持续1～2个小时；有的则跨省（自治区、直辖市），持续数天，甚至影响几个省（自治区、直辖市）。1983年4月26—28日的特强沙尘暴天气过程，在3天里先后造成新疆吐鲁番盆地、和田地区、内蒙古鄂尔多斯市和陕北榆林的黑风暴天气，几乎横扫了我国北方。

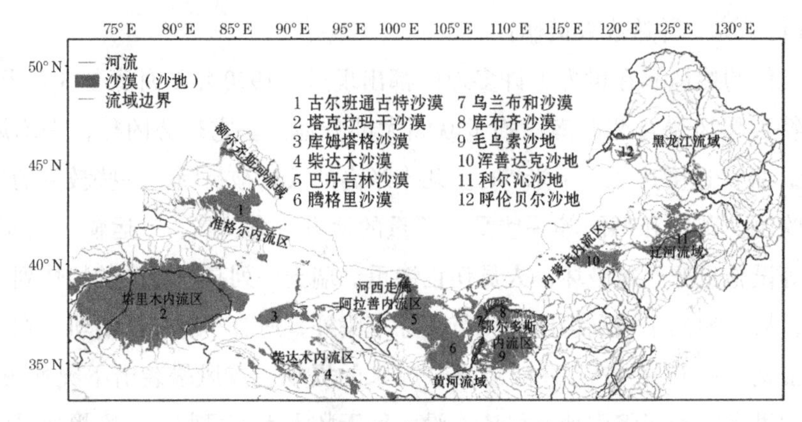

中国北方地区沙漠与河流景观格局

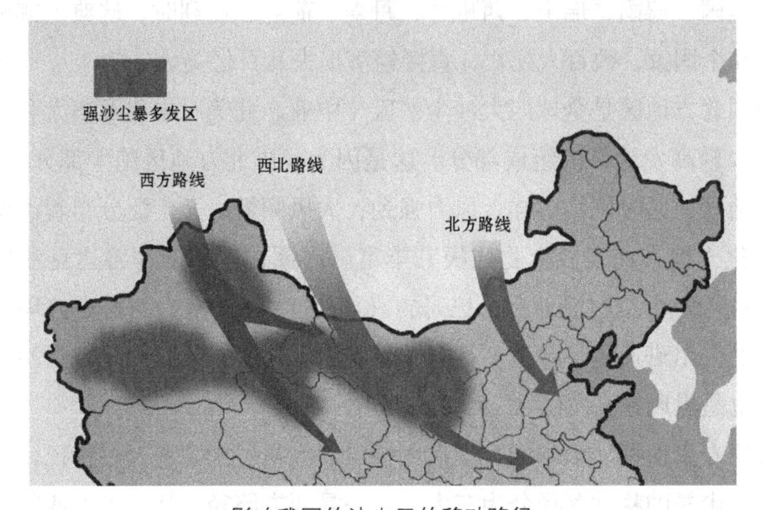

影响我国的沙尘暴的移动路径

为了减轻黑风暴和风沙的危害，建立中尺度天气监测网和预报、警报系统，加强和完善黑风暴天气的联报联防，加强退化生态区域的恢复治理，都是有力的措施。同时必须合理利用自然资源，大力植树造林、种草，保护土壤植被，做好水土保持工作，防止土地干旱、土地沙漠化，保护环境，恢复生态平衡。

（四）台风狂飙

1. 风暴之神

在日本神话里，风暴之神形似一条可怕的巨龙，它在黑暗的天空中沿着浪涛遨游，用一双大眼睛注视着下面那些可以捕杀的猎物……

这个风暴之神的形象是虚构的，但却与现代科学的热带气旋概念相似。气象上把大气中的涡旋称为气旋。发生在热带或副热带洋面上的低压涡旋称为热带气旋，它是一种强大而深厚的热带天气系统。

世界上有许多地方常常受热带气旋的影响。在西北太平洋和南海一带的热带气旋，人们习惯称台风；在印度半岛称热带气旋；在大西洋、加勒比海、墨西哥湾以及东太平洋等地区的叫飓风；而在南半球则叫旋风。

为了区别台风与一般的热带气旋，2006 年 6 月 15 日，我国将西北太平洋和中国南海上的热带气旋，按其底层中心附近最大平均风力（风速）大小划分为 6 个等级，其中风力达 12 级及以上的统称为台风。

热带气旋等级划分

热带气旋等级（英文缩写）	底层中心附近最大平均风速（米/秒）	底层中心附近最大风力（级）
热带低压（TD）	10.8 ～ 17.1	6 ～ 7
热带风暴（TS）	17.2 ～ 24.4	8 ～ 9
强热带风暴（STS）	24.5 ～ 32.6	10 ～ 11
台风（TY）	32.7 ～ 41.4	12 ～ 13
强台风（STY）	41.5 ～ 50.9	14 ～ 15
超强台风（SuperTY）	≥ 51.0	16 或以上

台风顶部离地面可达 10 余千米，是一个深厚的低气压系统。它的中心气压很低，周围的空气急速地向低层中心附近涌来，形成一个近于圆形的空气大涡旋，在北半球沿逆时针方向旋转，在南半球沿顺时针方向旋转。它在围绕中心旋转的同时，不断向前移动，其形状如旋转的陀螺。

台风中心有一只黝黑、深邃的“眼睛”，就是气象学上常说的台风眼。台风眼的直径为 5 ～ 50 千米，大的超过 100 千米。台风眼对应的地面风平浪静，白天有蓝天和阳光，晚上则可见月亮和星星。有时成千上万只海鸟会栖息在这里躲风避雨。

台风眼的四周环抱着高耸的"云墙"，称为"台风眼壁"。在眼壁区，由于强烈的上升气流，一般可造成数十千米宽、8～9千米高的螺旋状积雨云。眼壁区对应的地面，狂风呼啸，大雨如注，是整个台风中天气最恶劣的区域。台风整体的外围为内螺旋云带，一般由积雨云或浓积云组成。云带附近也会造成大风、阴雨天气。到了台风边缘区，为外螺旋云带，一般由塔状的层积云或浓积云组成。塔状云，随风飞驰，人们称它"跑马云"或"和尚云"。

台风结构示意图

有人计算过，一个成熟的台风，在一天内所下的雨，大约相当于200亿吨水，水汽凝结所释放的热能，相当于50万颗1945年在日本广岛爆炸的原子弹的能量！通常台风只有约3%的热能可转化为电能，不过这个数字也相当于176个125000千瓦的火力发电厂，大约等于35万个新安江水力发电厂的发电量。一个较强的台风，中心附近风速通常超过60米/秒（大于17级），过程总雨量也常达1000毫米以上。台风的破坏程度之大，持续时间之久，影响范围之广，它在各种大气风暴中可以称得上是"风暴之王"。

中国是世界上受台风影响最严重的少数几个国家之一。2004年8月12日，强台风"云娜"在浙江温岭市石塘镇登陆，多地出现大暴雨或特大暴雨，其中，浙江乐清砩头雨量最大，24小时降雨量达874毫米。据不完全统计，受"云娜"影响，浙江、福建、上海、江苏、江西、安徽、湖北、河南、湖南等省（直辖市）共有1849万人受灾，因灾死亡169人，受伤2000多人，失踪25人，农作物受灾面积75万多公顷，倒塌房屋7万多间，损坏房屋21万多间，直接经济损失202亿元。

为了对台风进行监控和研究，我国从1959年开始，按每年热带气旋出现的先后顺序进行编号。编号由四位数码组成，前两位表示年份，后两位是当年风暴级以上热带气旋的序号。例如0414号台风，就是2004年出现的第14号台风。从2000年1月1日起，开始使用新的命名方法：分别由台风委员会的14个成员国家或地区各提供10个名字，共140个名字分成10组，每组14个名字，按每个成员国家或地区英文名称的字母顺序一次排列，按顺序循环使用，同时保留原有热带气旋的编号。当使用某个名字的台风造成了特别重大的灾害或人员伤亡，或是名称由于本身因素而退役，那么该名字就会从现行命名表中删除，换以新名字参加接下去的轮换。

风暴之神有“罪孽深重”的一面，但也有为人类造福的一面。台风在行进中，使沿途总降水量增加四分之一。我国东南沿海夏季伏旱期，常常依靠台风的降雨来缓和或解除旱情。另外，台风释放出来的能量在一定程度上左右着地球上的热量平衡，它把热带地区的热量驱散，带来凉风习习，否则热带会变得更热，而两极地区会变得更加寒冷，温带地区则因雨量减少，不复郁郁葱葱的景色了。

2. 台风——热带海洋上的“特产”

台风是热带海洋上的产物。在赤道附近炎热的阳光下，热带洋面上经常发生台风的海区有8个：北半球有北太平洋西部、北太平洋东部、北大西洋西部、北印度洋孟加拉湾和阿拉伯海，南半球有南太平洋西部、南印度洋东部和西部。其中，北太平洋西部是全球发生台风最多的区域。据统计，北太平洋西部平均每年生成台风约22个，其中大约68%集中生成于7—8月，而生成于8月的高达20%，1—4月仅占7%左右。影响我国的台风就主要发生在北太平洋西部，北纬5°～20°的热带洋面上。

据气象卫星观测，在全球热带洋面上，经常有大量弱的热带涡旋（或叫热带扰动）发生，但其中只有大约十分之一可以发展为台风，其余大部分发展到一定程度就消失了。

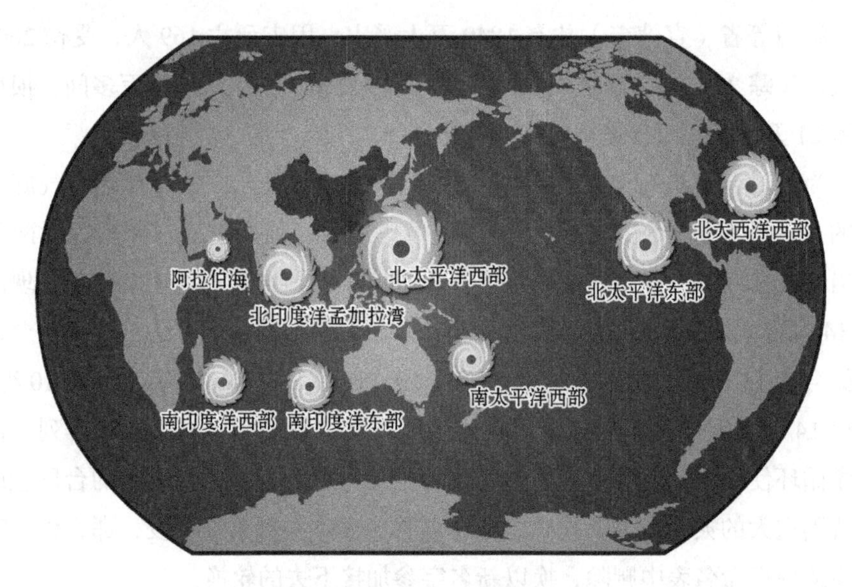

经常发生台风的 8 个海区

那么，台风的形成，究竟要具备哪些基本条件呢?

第一，要有足够广阔的热带洋面及足够温暖的海水，它是形成台风的能量源地。在热带洋面上，太阳辐射强，海水大量蒸发成水汽时，巨大的太阳热量就被水汽带到大气低层中储藏起来。由于上升运动把水汽带到高空，或受较冷空气袭击等原因，大气中的水汽发生凝结，这些储藏着的能量便释放出来，这就是台风产生的能量来源。随着水汽不断凝结，大量潜热释放出来，台风内部的空气不断增暖，便造成不稳定条件，促使上升和对流运动发展，逐渐变成一个暖性涡旋。据观测，当广阔洋面上海水温度高于 26 ℃，而且暖水层厚度达到 60 米深时，台风最容易形成和维持。

第二，在台风形成之前，需要先存在一个弱的暖性涡旋。在一个预先存在的暖性涡旋里，其气压比四周低，周围的空气挟带大量的水汽流向涡旋中心，并在涡旋内产生上升运动；湿空气上升规模越来越大，水汽不断凝结而释放出大量的潜热，从而促使热带涡旋发展成台风。

第三，要有足够大的地转偏向力，这是台风形成涡旋运动的必要条件。赤道附近（南北纬 5°）洋面上水汽和温度条件都具备，但地转偏向力很小，几乎等于零，所以不会生成台风。像印度尼西亚、马来西亚等靠近赤道地区的一些国家，就很少有台风出现。由赤道向两极，地转偏向力逐渐增大，给台风的形成提供了动力条件。在高纬度地区，海水温度低，也无法生成台风。据统计，台风绝大多数发生在离开赤道 5°～20°纬度，尤以 10°～15°为多。

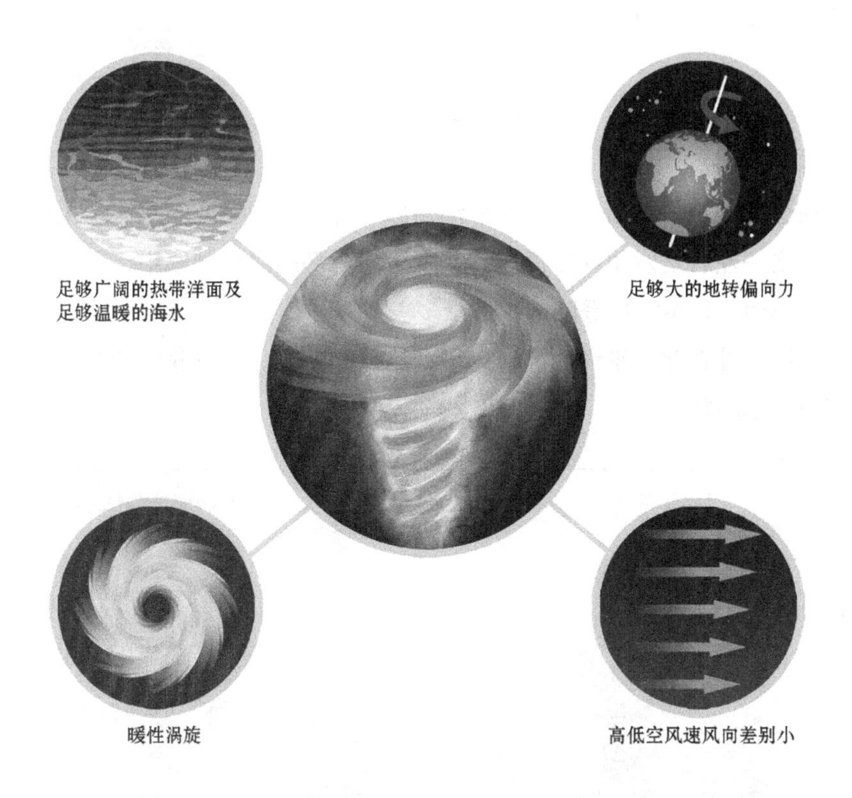

台风形成的四个基本条件

第四，台风开始孕育的弱涡旋处，高、低空之间的风向风速差别要小，这样便于暖湿空气上升过程中释放的潜热积蓄起来，形成暖心结构，才能使一个弱涡旋发展成台风。例如菲律宾以东、关岛附近和南海中部的洋面上，夏季海水温度经常大于 29 ℃，空气上下层风速相差不大，所以是台风的主要“源地”之一。

值得注意的是，北太平洋西部及南海海域广阔，能够提供足够的空间，可以让多个台风生成和发展。如果一个弱的热带涡旋的周边存在另一些涡旋，它们有可能相互影响，或消散或聚合为一。如果海域足够广阔，热带涡旋间距离很远，便可独立发展出现双台风甚至是群台风现象。统计资料显示，1949—2014 年的 65 年间，同时存在双台风的年数很多，同时存在 3 个台风的情况每年平均发生 1.5 次，同时存在 4 个台风的情况有十多次。尤其是 1960 年，曾出现 5 个台风同时存在的现象。不过群台风同时存在的时间很短，有的只维持几个小时。但是，2015年的第9号台风“灿鸿”、第10号台风“莲花”和第11号台风“浪卡”先后现身，一起在海洋上共存时间竟长达好几天，为历史罕见。

3.影响我国的台风从哪里来

在全球的热带洋面上，北太平洋西部是台风最易生成的海区，全球台风有三分之一左右是发生这个海区。北太平洋西部的沿岸国家中，以中国、菲律宾、越南、日本台风登陆的次数最多。

我国正处在北太平洋西部台风移动路径的前方。影响我国的台风，大致有三条基本路径。

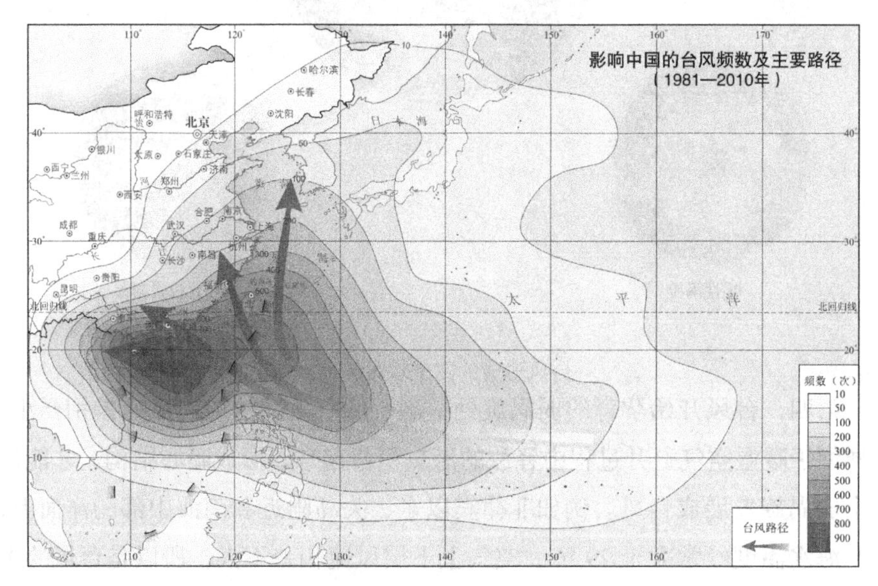

影响中国的台风频数（1981—2010年）及主要路径
（引自《中国灾害性天气气候图集（1961—2015年）》）

第一条是西行路径。台风从菲律宾以东洋面一直向偏西方向移动，穿过巴林塘海峡、巴士海峡进入我国南海，然后在我国海南省或越南登陆。有时进入南海西行一段时间后，突然北抬到我国广东省登陆，对我国影响较大。

第二条是西北路径。台风从菲律宾以东洋面一直向西北方移动，到我国浙江、江苏或上海市沿海登陆。或者向西北偏西方向移动，在我国台湾登陆后，再穿过台湾海峡，到浙江、福建或广东省东部沿海登陆。登陆后的台风，有的在陆地上消失，有的扫过大陆边沿后又回移到海洋上。走这条路径的台风，对我国危害严重，特别是对我国华东地区的影响最大。

第三条是转向路径。台风从菲律宾以东洋面向西北方向移动，经过一段路程后，在北纬25°附近的海面上转向东北，朝着日本方向移去。如果台风中心在东经125°以东转向，对我国影响不大；在东经125°以西转向，我国华东沿海地区风力较大。这条路径是最常见的路径。但有些台风并不转向东北，而是继续北移，最后在我国山东省或辽宁省登陆，对我国影响很大，如1972年7月8日的7203号强台风。

在南海地区发生的台风，路径不规则。从一些年份的南海台风移动路径来看，基本上以偏西北路径多一些。

实际上，台风的移动还有许多奇异路径，如：南海台风突然北上，蛇形摆动，打转，双台风互旋，等等。上面所说的西行、西北行、海上转向和北上路径，只是较典型的情况。

一个台风在其整个行动中，速度有快有慢，平均每小时走25～30千米。它在幼年期，一般是稳定地向偏西或西北方向移动，平均速度为15～20千米/时，大约相当于一辆自行车行驶的速度；以后移速逐渐加快，到台风发育成熟将要转向时，速度又减慢下来，每小时平均速度为10千米，只相当于马车或是人们快速步行的速度；到转向时，速度最小，有时甚至原地打转，停滞1～2天。可是，当它转向北方或东北方移动的时候，速度急剧加快，平均速度可达30～40千米/时，相当于汽车的速度，很快就远离我国沿海了。台风从菲律宾附近来到我国江浙一带，快的要走2～3天，慢的要走上10天左右才能到达。

一般说来，在5月以前、10月以后，台风主要走西行、转向路径；7—9月，台风主要走西北路径，也最复杂。台风在我国登陆的地点，以广东省为最多，约占登陆台风总数的30%；其次是台湾地区，约占21%；福建省居第三，占16%左右；在浙江省以北沿海登陆的台风只占4%左右。

台风在我国登陆的时间集中在5—10月，其中以7—9月为最多，占总数的75%。1949年以来，登陆时间最早的是2008年第1号台风“浣熊”，于当年4月18日在海南文昌龙楼镇登陆；最晚的是1974年第27号（即7427号）台风，于当年的12月2日在广东台山登陆。11月至翌年4月，一般不会有台风直接在我国登陆。

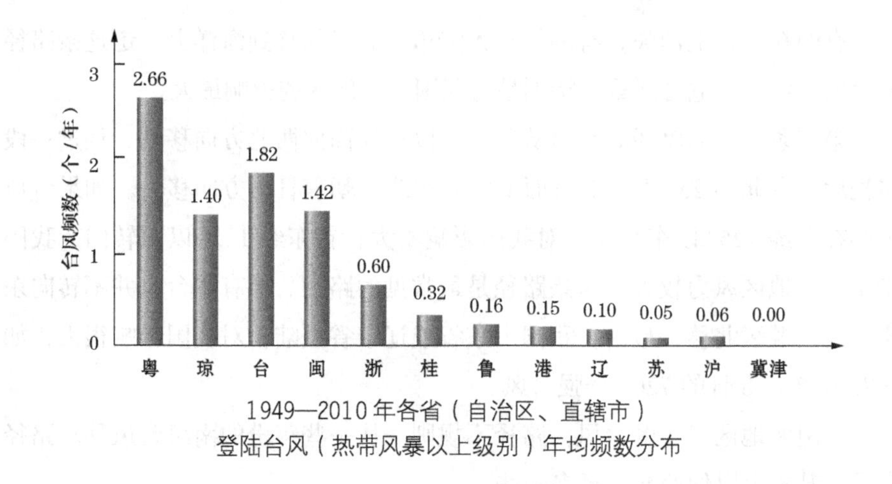

1949—2010年各省（自治区、直辖市）
登陆台风（热带风暴以上级别）年均频数分布

4. 台风到来以前

台风在热带海洋上诞生后，范围越来越大，有时从台风中心到边缘可达1000多千米，距离台风中心很远的地方也能受到它的影响。在台风到来之前两三天，甚至四五天，就已经出现台风来临的征兆。仔细观察如下七个方面，就会发现台风确实有迹可循。

一看海鸟鱼类。在沿海地区，如果你看见海鸟成群飞来，或见海鸟疲乏不堪，跌落海面，甚至停歇船上，任人驱逐也不肯离去，这表明海上可能已有台风发生。因为台风区域狂风暴雨，海浪滔天，海鸟既不能寻找食物，又无法安身，所以只好避开台风飞向岸边了。这时，在近海区，你还可以看到一些平时少见的浮游生物，如银币水母（渔民称之为水笋、风仔帽），纷纷飘到浅海面上来。一些较大的鱼类如海豚，也往往群集海面，甚至可以看到鲸。有时还能发现一些深层鱼类、底栖生物，如海蛇、海螺、海蟹在海面浮动。主要是由于远海台风掀起惊涛骇浪，加上低频率风暴声浪的刺激，以及台风来临前气温高、湿度大、气压下降，水中氧气减少，迫使鱼类和底栖生物浮上海面。

二察海浪。在离台风中心大约1500千米的海面上，能看到从台风中心传播出来的明显的涌浪（长浪）。这种浪的顶部圆滑，浪头较低（一般高1～2米），浪头与浪头之间的距离（200～300米）比一般的波浪（50～100米）长，浪声沉重，节拍缓慢。

渔民还发现台风到来前一两天，潮汐、潮流也出现一些反常现象。例如，海流、潮流急剧变化，浅海区海水垂直扰动剧烈而发出腥臭味以及“海冒气泡”等。另外，受台风影响，海水上下层的流向与流速不一致，使渔网倒翻或扭斜，造成渔民作业困难。

三听海响。台风到来前两三天，当夜幕低垂的时候，人们在海边可以听到“嗡嗡”“轰轰”的声音，好像海螺号角远鸣，又像远处雷声隆隆，特别是在夜深人静时，声音更加清晰响亮，这样的声音称为海响。

海响是怎样发生的呢？由于台风中心附近暴风骤雨的相互摩擦，以及台风对海面波浪、岛屿、礁石的强烈打击作用，可产生每秒8～13赫兹的低频率风暴声波（次声波），这种声波贴近海面传播到海岸，遇礁石、岩洞发生反射，共振增强，于是就发出“嗡嗡”的响声了。也有人认为，海响发生的时间可能和涌浪出现的时间相同，当涌浪碰到海岸而被冲碎的时候，也会发出响声。

人们利用海响等特点，制作了一些预测台风的土仪器。例如，用直径为50厘米的氢气球搁在耳边听一听，因为低频率风暴声波比大风巨浪的传播速度快得多，人耳虽不能直接听到，但是氢气球却能同低声波发生共鸣，产生振动。台风愈近，这种感觉愈清晰。

四观云彩。当东南方地平线上辐射出绢丝般的长条状云彩，并系统地从海上伸来时，便是台风快要到来的征兆。这种云叫毛卷云，一般出现在6000米以上的高空。这是台风中心的空气上升到高空后，水汽凝结成小冰晶而形成的。它在高空伸展开来，横跨半个天空，大多是“V”字形，似一把折扇，在台风中心前进方向500～600千米远的地方就可以发现。

随着台风的移近，卷云逐渐增多，接着是有系统的卷层云推来。早晨和傍晚可产生日晕或月晕。这时，距离台风中心大约是300千米。之后台风越来越近，云愈来愈低，出现了高积云和层积云。接着是呈灰黑色一团一团被风吹散的积云或层积云，像布块、棉絮，迅速飞动，散布全天。云从头顶飞过时，你面朝天空云来的方向站立，你的右侧就是台风中心所在的方向。连续观测还可以大致知道台风的移动路径。

五视蓝杠。蓝杠又称风缆，它是台风入侵前两三天常见的“曙暮辉线”。日出前或日落后，太阳位于地平线附近，辐射出3～5条红色或橙色的光线横贯天穹，在两条红（橙）光之间，天空仍保持蓝色，看起来好像是红、黄、蓝几种颜色的光线同时出现一样。人们称它为“蓝杠”“青杠”“青光”“青果”“穿天蛇”等。这可能是台风前方的不强的空气上升至地平线附近形成一排分散而孤立的积云，云块对太阳光产生折射造成的。1977 年 9 月 7—8 日，在上海宝山区（当时为宝山县）持续出现“江猪”云，8 日还出现了由东南伸向西北的三道蓝杠，宝山县气象站于当日准确地预测到当地未来 72 小时将受 7708 号台风的影响。

六望星光。在沿海地区，一般看到星星闪烁现象，就说明附近海域已有台风生成。在台风季节里，你每晚对东方、南方的星星进行观测比较，当发现星闪区的位置高度不变，闪动区不断向西移动，预示台风在东方向西移动，不会影响本地。当星闪区的位置高度不变，闪动区向北移动，预示台风在东方向北移动，也不会影响本地。只有当星闪区位置高度升高，闪动区域朝头顶上空移动，才预示台风正向本地移来。

七辨风向风速。生活在沿海地区的人们都知道，在正常情况下，晴天总是盛行着早东晚西的“海陆风”。可是，当受到台风前半圈外围气流影响时，情况就不同了：常出现西—北—东方位范围的风向。这些风向出现在盛夏西南季风和东南季风的季节里是不合时令的。因此，一旦出现这些方位的风，并持续半天到一天以上时，便是台风到来的预兆。当风向由偏南转偏北，说明台风已临近本地，特别是 21 时以后，说明台风已入侵本地了。

不过，有时在台风入侵以前，本地风力微弱，特别是当盛行风被台风环流所代替，在一段过渡时间内，几乎是静风。夜晚，海面平静如镜，月影清晰倒映，所以有“海底照月主大风”的说法。

当然，利用这些现象来预测台风，在现代社会只是科学检测预报的辅助方式。目前监测台风活动的手段有常规气象站、探空站、船舶、海上浮标站，又利用气象雷达，侦察飞机、气象卫星等先进技术来跟踪台风。多种现代化工具组成了一个地基、空基和天基相结合的综合气象监测网络，层层设防，严密监视着台风动向，及时发出台风警报。在台风多发季节，各地应当特别注意收听当地的天气预报，以便准确地掌握台风的出没和行踪，做好防御台风的工作。

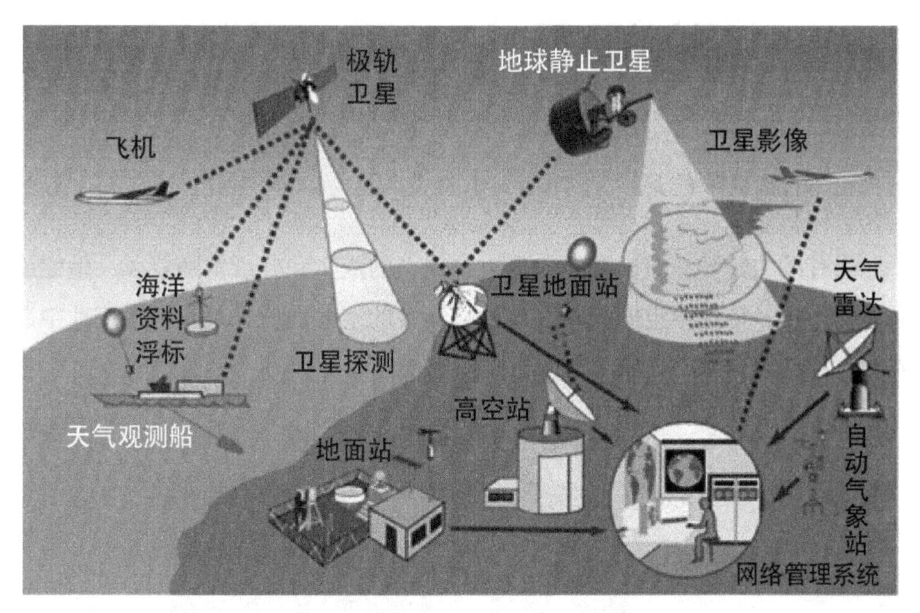
极轨
卫星
地球静止卫星
飞机
卫星影像
海洋
资料
浮标
卫星地面站
天气
雷达
卫星探测
高空站
天气观测船
地面站
自动
气
象
站
网络管理系统
全球观测系统构成

（五）可怕的风暴

1. 滴溜溜转的风

当有风的时候，在庭院的角落里，地上的灰尘和碎纸常随着风，呈螺旋形地转、转、转到半空中去了。这种打转转的空气涡旋，是空气在流动中造成的一种自然现象。气象学上叫它尘卷风。

庭院角落里的尘卷风

夏天，我们看到河水流动很急，一旦遇到石堤、木桩、桥墩等障碍物，一部分流水会被阻挡，速度突然变慢，后面的急流向前一冲，水就滴溜溜地乱转，打起涡旋来。当空气围绕地面上的树木、丘陵、建筑物等障碍物流动的时候，或者和地面发生摩擦的时候，也会急速地改变它的前进方向，形成涡旋，这是旋风形成的一种原因。不过，由于这种原因形成的旋风很少，范围也很小。

旋风形成的另一个原因，是局地温度的差异，即当某一地方被太阳晒得很热时，这里的空气就膨胀、变轻、上升，四周较冷的空气马上聚集过来，由于地转偏向力的影响，在北半球冷空气围绕着受热的低气压中心旋转起来，成为一个逆时针转动的空气涡旋，也就是旋风了。这种旋风的中心，由于暖空气不断上升，很容易把地面上的尘土、树叶、纸屑等较轻的物体卷到空中，并随着空气的流动而旋转飞舞。如果旋风的势力较强，有时也往往会把地面上的小蛇、小虫等卷到空中去。一般小旋风的高度不太高，当它受到地面的摩擦或房屋、树木等的阻挡时，就渐渐消散变成普通的风或逐渐减小消失了。

也许有人还会问：既然地面受热就容易起旋风，那夏天比春天热，为什么夏天旋风少而春天旋风多呢？这是有原因的。夏天的天气虽然很热，但是地面草木青青，土地湿润，局地温差不大，在春天就不然了。春天，很多树木和草刚发芽，大地较裸露，这就容易被晒热。这时地面上的空气温度变化较大，就容易引起旋风了。只是在地面附近旋风很小，一般没有破坏力，又来无影、去无踪，为此人们就把它传得神乎其神了。

在大气运动中，存在着从几微米到上万千米等不同尺度的运动，涡旋是其中广为存在的一种运动形式。从影响范围较小的旋风和龙卷，乃至有着风暴之王之称的台风、气旋等，都是空气的涡旋转动形成的。

2. 龙卷魔力

龙卷，是在极不稳定天气下空气强烈对流运动而产生的。它从积雨云中伸下的猛烈旋转的漏斗状云柱，有时稍伸即隐，有时悬挂在空中，有时可到达地面或水面。到达地面或水面的龙卷，被分别称为陆龙卷和水龙卷。

2013 年 8 月 19 日，松花江肇源段的水面上空乌云密布电闪雷鸣，江面上的水犹如一条“巨蟒”突然窜出，刹那间扶摇直上、直贯云霄，强风伴着冰雹从天而降，水上云端犹如巨大的“擎天柱”。

1898 年 4 月 16 日，在澳大利亚南新加勒伊登附近的海面上，突然竖起一根水柱，据海岸边经纬仪显示，它的高度为 1528 米，这是世界上最高的水龙卷。

美国是世界上遭受龙卷灾害最多的国家，平均每年发生上千次。到 20 世纪 70 年代以后，美国杀伤性最大的灾害性天气就是龙卷。1974 年 4 月

3—4 日，美国出现了历史上规模最大、波及范围最广的龙卷，有 13 个州受灾，308 人死亡，5454 人受伤。

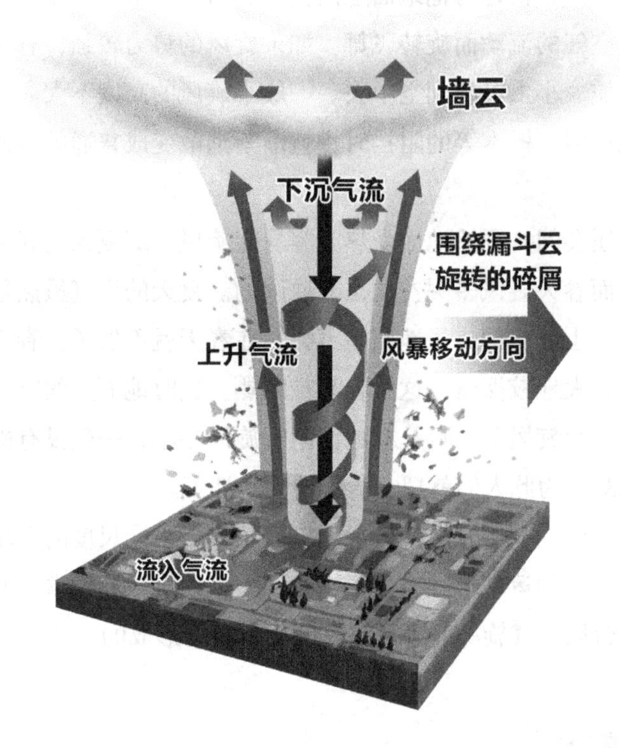

龙卷形成示意图

我国龙卷发生概率约为美国的 1%，但龙卷对于某些地区的影响较为严重。江苏、上海、安徽、浙江、山东、湖北和广东都是龙卷的主要发生地。其中，长江三角洲是龙卷发生最多的地区。江苏省高邮市被称为中国的“龙卷之乡”。

2000 年 7 月 10 日，浙江省台州椒江区洪家国家基准气候站实测到龙卷记录，这是龙卷第一次在浙江紧擦气象台站而留下器测记录。在台风“启德”登陆前的 1 小时 44 分，洪家国家基准气候站遇到这个千载难逢的机会，风向逆转近 360°，气压呈漏斗状陡降。龙卷鼻触地半径 15 ～ 20 米，破坏带呈点状跳跃，全程 1200 米。计算得到的瞬时最大垂直破坏力超过 28.66 千克 / 平方厘米，伤 2 人，吓昏 1 人，直接经济损失 337 万元。

龙卷是云层中雷暴的产物。它是一种涡旋，是在天气不稳定的状态下产生的一种强烈的、小范围的由两股空气强烈相向、相互摩擦形成围绕同一个中心旋转的空气漩涡。水龙卷直径通常为 25 ～ 100 米，陆龙卷稍大，也不过为一百甚至几百米，只有极少数可达 1000 米以上。龙卷寿命也很短，从开始出现到最终消失，一般只有几分钟到几十分钟，最多不超过数小时。龙卷移动起来，大多是旋转着向前“跑”，其旋转风速极大，可达 50 ～ 150 米 / 秒，比强台风的风力大得多。龙卷移动路径大多只有几千米，长的也就 20 ～ 30 千米，很少有更长的。

龙卷的脾气极其粗暴。它所到之处，吼声如雷，强得犹如飞机群在低空掠过。这可能是由于旋转的风以及逐渐陷入龙卷中心区的各种不同物体碰撞而产生的。不少科学家认为，人们所听到的龙卷爆炸声，是由于涡旋的某些部分风速加大到超音速，因而产生小振幅的冲击波。龙卷里的风速究竟有多大，人们还无法测定，因为任何风速计都经受不住它的摧毁。一般情况，风速可能在 50 ～ 150 米 / 秒；极端情况下，甚至达到 300 米 / 秒或超过声速。

超声速的风能，可产生无穷的威力。1896 年，美国圣路易斯的龙卷夹带的松木棍竟把 1 厘米厚的钢板击穿！ 1919 年，发生在美国明尼苏达州的一次龙卷，使一根细草茎刺穿一块厚木板；而一片三叶草的叶子竟像楔子一样，被深深嵌入了泥墙中。不过，龙卷中心眼区的风速很小，甚至无风，这和台风眼中的情况很相似。

尤其可怕的是龙卷内部的低气压。眼区为下沉气流，稍往外极强的上升气流速度可达 50 ～ 80 米 / 秒。所以，龙卷犹如一个特殊的吸泵，往往把它所触及的水、沙尘、石头、草木等吸卷进来，形成高大的柱体。由于龙卷有巨大的吸卷力，常能把海中的鱼类、粮仓里的粮食、金属片等东西吸卷到高空，然后再随暴雨降落到地面，于是就有了“鱼雨”“谷雨”等奇怪的事情发生。

当龙卷扫过建筑物顶部或车辆时，由于它的内部气压极低，造成建筑物或车辆内外强烈的气压差。这种突然发生的内外气压差，会对墙或天花板产生极大的作用力，会顷刻间把屋顶掀掉，犹如屋内发生爆炸一般。如果龙卷的“爆炸”作用和巨大风力共同施展威力，那么它们所产生的破坏和损失将是极端严重的。

3. 龙卷，尚未揭开的奥秘

自天而降的龙卷，时常在地球上横行肆虐，给人类带来莫大的灾难。

1951 年 8 月，一次强龙卷从莫斯科疾驰而过，它袭击的地带不超过 10 千米，但却造成了极严重的灾难。龙卷穿过高里科沃村附近的索科尔村和斯赫得涅村，最后“抓”起一个村子把它抛在克粱日玛河岸上。奇怪的是，就在离龙卷所经路径两三步远的地方，情况全然不同，那里的一切东西都未受到损坏。例如，就在被巨大而可怕的龙卷吹倒并“搓”成纽带状的百年古松的近旁，脆弱易折的小杨树连一根枝条也未受到折损。

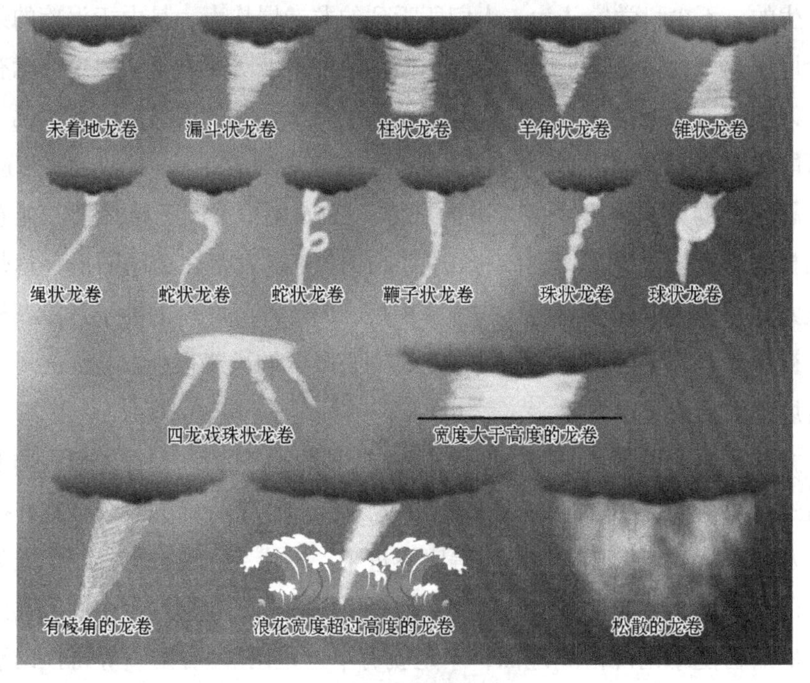

形形色色的龙卷

龙卷虽常发生，但人们至今对它令人吃惊的“表演”的规律却不甚了解。请想一想，为什么有时龙卷会席卷一切，而有时在其中心范围内的东西丝毫无损？为什么龙卷能把一匹马吹走 1000 米，但从未见过树被龙卷吹走，树充其量只是被折断吹倒在一旁？在北美，当龙卷过后常可见到鸡的羽毛被拔得精光。但有时只有一侧的鸡毛被拔去，而另一侧却完好无损，这又该做何解释？

更奇怪的是，1953 年 8 月 23 日在苏联有过一次龙卷，吹开了一户人家的门窗。放在五斗橱上的一只闹钟被吹过了三道门，飞过厨房和走廊……最后吹进了阁楼里。想不到这支闹钟不再飞行了。试问：这又是什么力量阻住了它的飞行？就是整栋房子也难阻止如此大的气流啊！

龙卷形形色色。各种龙卷的范围都很小，寿命又很短促，这给科学研究和预报带来很大的困难。直到现在，有些龙卷已经发生了，而气象台站还不能实时看到它，因为两个气象台站相距很远，它很容易从中间“溜掉”。

但是，自然界里一切天气现象的发生，都有它自身的规律，人们有可能逐步去认识它。春夏时节，当温度高、湿度大、风速小、云系对流旺盛，气压明显降低，云的底部骚动特别厉害，人们感到胸闷气短、烦躁不安时，就要提防局部地区可能发生雷雨冰雹夹龙卷。

气象雷达和地球同步气象卫星在监视龙卷方面起着很重要的作用。如果把卫星和雷达结合起来，就能连续观察龙卷的变化，可在龙卷发生前半小时发布警告，以提醒人们采取应急措施，积极防范，尽可能减少龙卷造成的损失。

4. 飑

1974 年 6 月 17 日上午，南京市天气特别晴好，午后才出现少量的白云，像一团一团的馒头，又像一片一片的棉花，自由地飘浮在那蔚蓝色的天幕上。下午 6 时左右，一条乌黑的云墙（积雨云带）突然从北方涌来。乌云翻滚，像千万匹脱缰的烈马，在天池中奔驰、跳跃。大地上风力微弱，散发出令人难受的闷热。在闷热的空气中加入了不祥的寂静。转瞬之间，滚滚乌云便压上头顶。顿时天昏地暗，雷电交加，暴雨倾盆，狂风咆哮。

气象观测记录表明，当时的瞬时最大风力在 12 级以上，平均风力也在 10 级，短时间内气温下降 11 ℃，相对湿度升高 29%。一小时内气压涌升 8.7 百帕，雨量达 34 毫米。

这种突如其来的剧变天气，从当天的 18 时 30 分开始出现，到 20 时就像急刹车似的一下子消失了。

这是怎么回事呢？

原来，南京地区遭受了一次飑的突然袭击。

飑，读音为 biāo。《辞海》解释“飑”：风骤貌。现代气象学沿用这个术语，指风向突然改变，风速急剧增大的天气现象。飑是突然发作的强风，时间短，消失快。飑出现时风向突变 90° 以上，瞬时风速由不到 8 米 / 秒增大到 11 米 / 秒以上，气压突增，气温骤降，常伴随发生雷暴、阵雨甚至冰雹、龙卷。

飑是由于积雨云强烈发展而形成的。夏季晴天的下午，我们常常看见翻滚着的对流云体出现，有时发展很旺盛，呈现出花椰菜状的顶部，很快地，它那高耸的云体就展开了覆盖大地的云砧，一块庞大的积雨云就展示在眼前了。

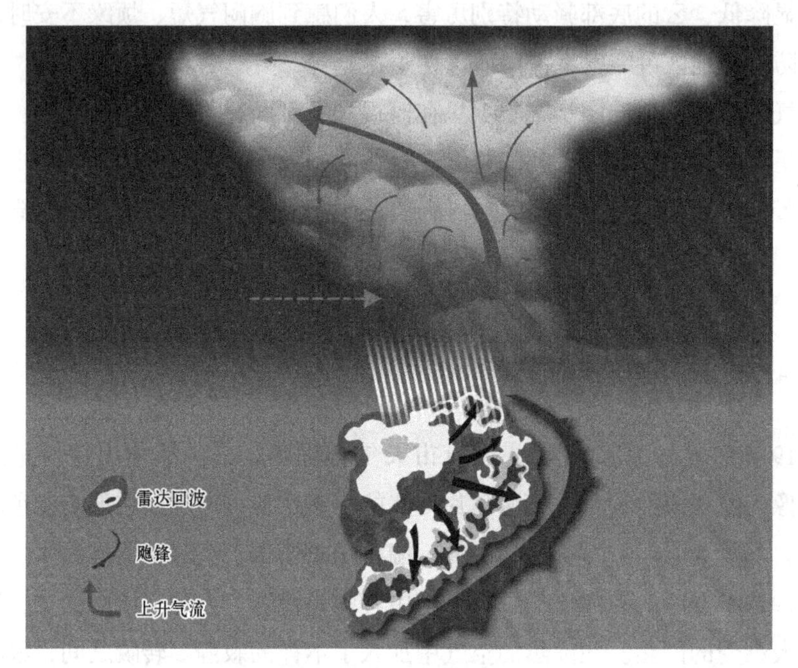

飑产生狂风暴雨天气结构示意图

积雨云发展强盛时，云体后部（以云的前进方向一侧为前部）发出刺破云空的闪电，传来沉闷的隆隆雷声（这种雷电交加的天气现象叫雷暴），同时产生降水。由于雨、雷、雹等降水物的拖曳，就产生和前部的上升气流同样强烈的下沉气流（强度可达 20 米 / 秒以上）。这种下沉气流把高空冷空气带到云下，加上雨落到云的下后方，吸收空气中的热量使其本身蒸发，也使空气变冷，形成一个相对湿度较大的冷空气堆。冷空气密度大，就在云下形成一个高压区（即雷暴高压）。高压区的空气向低压区强烈冲击，加之高空动量下传，这样就产生了大风。当这个冷性雷暴高压移到其前方原为气压较低的暖空气占据的地区时，这些地区就要发生气压涌升而产生电闪雷鸣、狂风暴雨的天气了。这就是飑。

飑往往呈带状分布（长度为 500 ～ 600 千米），并有规律地移动。这条风暴带的上空，就是一条积雨云带。积雨云带下面的冷空气堆和其前方的暖空气之间是一条带状雷暴群。由带状雷暴群所构成的风向、风速突变的一种中至小尺度的强对流天气，称为“飑线”。

飑线中的雷暴单体少则四五个，多则十几个，生消此起彼伏。伴有强对流且风向风速剧变，长度一般为几十千米至几百千米，宽度几百米至几千米，最宽至几十千米，维持时间由几小时至十几小时。雷达图上表现为一条回波强度很强的带（如雷达回波图中的红色区域）。飑线过境时，气压狂升、风向急转、气温急降，狂风、雨、雹交加，能造成严重的灾害。飑线前部地区天气较好，多偏南风，飑线后部地区转偏西或偏北风，天气变坏，降水区多在飑线后部地区。飑线后部地区的风速一般为每秒十几米，甚至超过 40 米 / 秒。

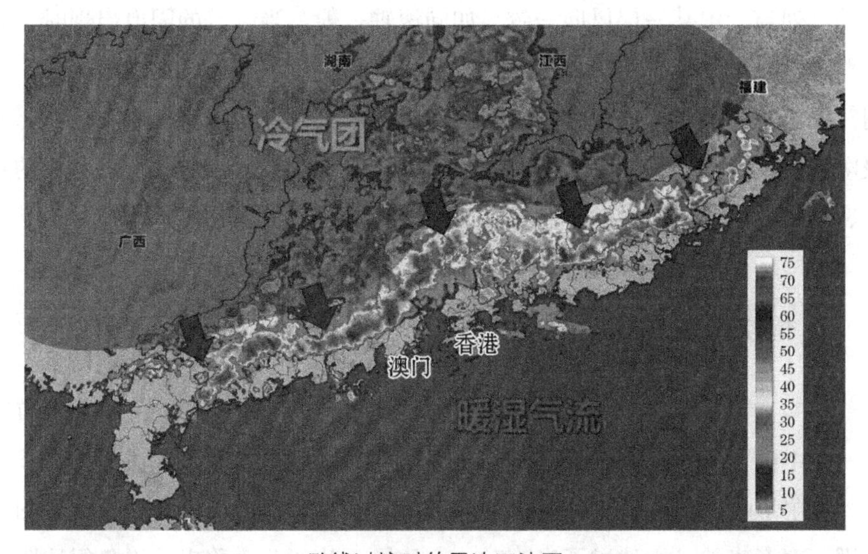

飑线过境时的雷达回波图

飑线前部的阵风有时非常猛烈。当相互靠近的一些雷暴气流同时下沉时，可造成极端强烈的阵风。向外冲击的冷空气可以吹倒建筑物，损坏在停机坪上的飞机，毁坏大面积的庄稼。

1878 年 3 月的一天，在傍晚 6 时前后，一艘英国战舰——“欧列狄克号”巡洋舰远航归来。那一天，刮着刺骨的寒风，下着雨夹雪。前面海港的轮廓在望，水手们已经看到了迎接战舰的人们。飑线天气突然袭来。惊慌失措的人们纷纷被狂风吹倒在码头上。大量的雪片遮蔽了地平线，白昼变成了黑夜，海上翻腾着巨浪。这种异乎寻常的自然现象延续了不过 5 分钟。狂风突然停息了，雪止了，天也晴了。但是，巡洋舰却不见了踪影！“欧列狄克号”巡洋舰被狂风掀翻，连同全体人员沉没了。几天后，潜水员们才在海港入口处的海底找到了这艘战舰。

飑线不仅可掀翻水面上的船舰，还可能在陆地上造成洪水灾害。

在我国夏半年里，当陆地受热产生低气压，相应地高空有西北气流或偏西气流与之配合时，就容易产生飑线天气。华北、华东、西北、华南等地，春夏两季所发生的飑线，强烈时可带来冰雹、大风甚至龙卷天气。1971 年 7 月 13 日发生在我国沿海的一条飑线，由上海经过福建沿海各地时形成了 10 ～ 12 级大风，在台湾海峡海面上出现许多水龙卷。

在天气预报中，飑线已经引起人们的特别注意。当飑线来临之前，天空中有梨状的乌云布满天空，每一个云体都向下突起，或像囊袋悬挂在空中。云的排列与云中某一层风向一致，如同滚轴一般。当频繁的闪电出现时，表明飑线已经来临。现在气象工作者一般采用加密观测网和增加观测次数，利用气象雷达，加强气象台、站和船舶之间的联防等办法来监视飑线活动，预报飑线发生。此外，气象台还充分利用气象卫星连续拍摄云图，对飑线的发生、发展、移动及消亡进行追踪探索，做好预报预防，减少损失。

5. 低空风怪

1984 年 4 月 4 日早晨，广州白云国际机场有一架中国公司的法国道达尔“空中国王 -200”型小型飞机，准备运送本公司职员从广州去香港。

上午 10 时前，白云机场地面只有 1 ～ 2 级偏南风，天上白云朵朵，阳光明媚，春意盎然。大约过了半小时，一片黑云从西北边移来，天色很快阴暗下来。又过了 20 分钟，黑云就盖满了机场，云幕下稀稀拉拉地滴了雨点，随之，一阵强风掠过机场。

这一系列的变化，似乎都没有引起人们的注意。几分钟后，“空中国王 -200”沿跑道从南向北起飞。起飞后刚上升到 135 米高度，飞机即失控坠毁。机上所有乘客全部丧生。这是“低空风切变”造成的飞行事故。

什么是风切变呢?

风切变是指在上下或左右的很短距离内，风向和风速发生较大变化，以及升降气流突然变化的现象。风切变，特别是低空风切变（距离地面 500 米以下的风切变）对于飞机（或热气球）的飞行危害巨大。当飞机驶入风切变区时，就会颠簸或失去控制，造成严重后果。资料显示，世界上 30% 的空难皆由低空风切变引起，传统气象监测手段对此无能为力，所以风切变又被称为“低空风怪”。

低空风切变中，以下击暴流危害最大。它是以垂直风切变为主要特征的综合性风切变。由于在水平方向垂直运动的气流存在很大的速度梯度，也就是说垂直运动的气流会出现突然的加剧，就产生了特别强的下降气流，被称为下击暴流。这个强烈的下降气流存在于一个有限的区域，并与地面撞击后转向与地面平行的水平风，风向以撞击点为圆心向四面辐散，所以在一个更大的区域内又形成了水平风切变。如果飞机（或热气球）在起飞和降落阶段进入这个区域，就有可能失事。

当飞机起飞、着陆进入积雨云的下击暴流时，由于气流的下泻和外冲作用，进场下滑或起飞上升的飞机，将先受到逆风，然后是下泻气流，再后是顺风的摆布，而不能循其正常的下滑或上升轨迹接地或升空。这种风切变风向会突然改变，风速甚至达 60 ～ 70 米 / 秒。因为下击暴流很强，高度又低，难以处置，因而极具危险性。

低空风切变出现的高度通常不超过地面以上 600 米。但地面 600 米以上的高空，也有风切变现象。温带地区的高空常有宽几百千米、长几千千米的高空急流存在。这个急流带上下和左右边缘区域，往往存在着强的风切变。1957 年苏联的一架“图 -104”客机在飞行中遇到了这种强风切变，产生剧烈颠簸使飞机解体，机上人员全部遇难。

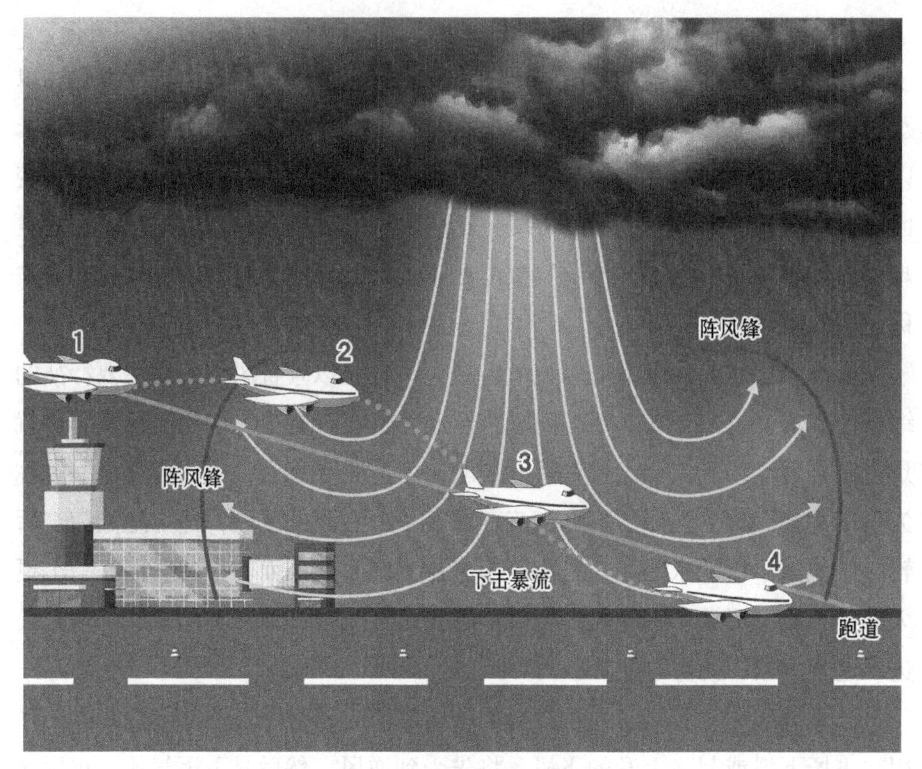

下击暴流对飞机着陆的影响

低空风切变的不断出现，引起了人们的高度重视。由于风切变变幻多端，而且时间短、尺度小、强度大，从而带来了探测难、预报难、航管难、飞行难的问题。某些强风切变也是现有飞机的性能所不能抵御的。进行针对风切变的飞行员培训和飞行操作程序设置，在机场安装风切变探测和报警系统，以及机载风切变探测、告警、回避系统，都是目前减轻和避免风切变危害的主要途径。目前对付风切变的最好、最直接的方法就是有效地避开它。

（六）海上风魔

1.“无风不起浪”和“无风三尺浪”

人们常说，“无风不起浪”。一阵微风吹来，海面上会生成细微的水波。风力达到 5 级时，会掀起一道道波峰，出现白色浪花。浪花往前涌去，后浪赶前浪，风大浪也大。在风的直接作用下产生的波浪就称为风浪。风浪传播的方向基本上与风保持一致。风停以后，海面仍有剩余的浪。离开风的作用区域继续向外传播的浪，称为涌浪。风停浪不息，“无风三尺浪”就是涌浪的写照。当风浪或涌浪传播至岸边浅水区时，受海底摩擦作用，能量衰减很快，几乎成为一条直线了，这种浪被称为近岸浪。

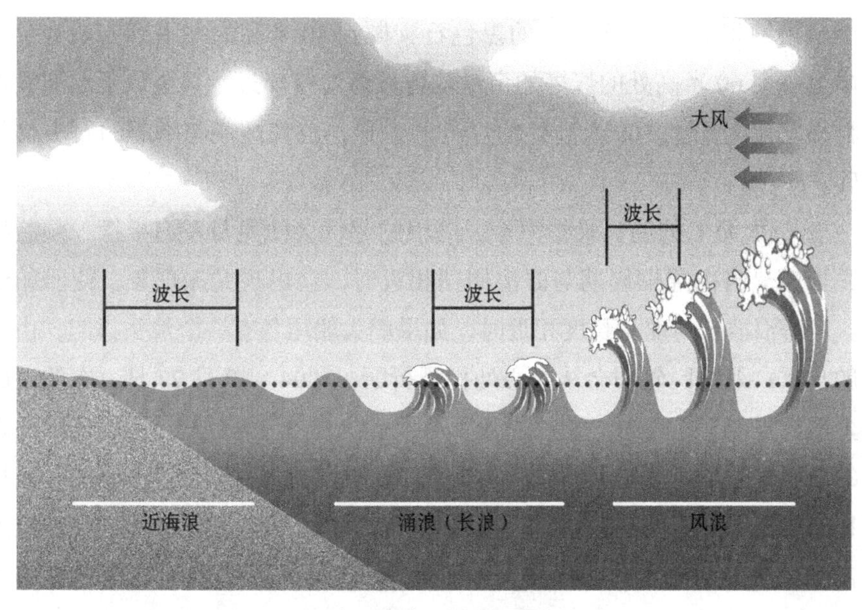

风浪、涌浪、近浪示意图

风浪，涌浪和近岸浪是海浪通常的三种表现形式。海浪向前传播时，海水并没有向前移动，犹如麦浪一样，只是麦穗上下颠簸，麦秆仍扎在土里。海浪在海上可以水平方向传播，也能垂直向海底传播。比起风浪来，涌浪一起一伏的时间长，波峰间的距离大，波形又圆又长，较有规则，波速很大，能日行千里，远渡重洋。在太平洋北部的阿拉斯加海岸，能测量到万里以外的南极风暴区传播过来的海浪；冲击到英国南岸的海浪，其源地竟是在

10000千米外的南大西洋风暴区。

海浪的威力往往大得出乎人的想象。在美国西太平洋沿岸的哥伦比亚入海口，耸立着一座高高的灯塔，旁边还有一座灯塔看守人住的小屋。1984年的一天，看守人猛然听见屋顶上响声如雷，刹那间只见一个黑黝黝的怪物呼啦一声穿透屋顶砸到地上。看守人被吓呆了。过了好一会，他才战战兢兢地挪步走到怪物面前，发现那怪物竟是一块黑色大石头！后来，看守人请专家进行调查和鉴定，确认这块大石头是被海浪卷到40米高的半空，再抛到小屋顶上的，其重量为64千克！

一些测试材料表明，海浪拍岸时的冲击力每平方米会达到20～30吨，有时达到60吨。虽然海浪的高度并不算很高，到目前为止，根据仪器记录到的海浪的最大高度只有34米。但巨浪冲击海岸激起的浪花可高达60～70米。如此巨大冲击力的海浪，可以把13吨重的巨石抛到20米高的空中，自然能轻松地把那块64千克重的黑色石头抛到40米高的空中了。斯里兰卡海岸上一个60米高处的灯塔的窗户就曾被海浪打碎过。甚至位于欧洲设得兰群岛北岸海面上100米高处的灯塔的窗户，也曾被浪花举起的石头打得粉碎。

航行大海上的船只最怕海浪。海浪的起伏会使船身左右摇摆，颠簸摇动，当船只自由摇摆周期与海浪周期相近时，会出现共振现象，使船舶倾覆。当海浪波长与船身长度相近时，如果船头船尾各有一个浪头撑起，由于船舶自重，万吨巨轮即会从中心处拦腰折断。1994年9月27日，在波罗的海上航行的1.5万吨的“爱沙尼亚”号渡轮共载客1049人，从塔林驶往瑞典的斯德哥尔摩。渡轮出港口后不久，海面上狂风大作，波高6米的大浪接踵扑向渡轮，乘客们已感到船只剧烈摇摆和颠簸。到午夜时，舱门突然被大浪击开，汹涌的海水向舱底涌去，船体左舷急剧倾斜，咆哮的海浪扑向甲板，一声巨响，船体上的烟囱倒覆在水面上，船体顷刻翻转朝天，随即渡轮沉没于80米深的波罗的海中。从发生险情到沉船仅15分钟。此次海难最终幸存者只有220人，遇难者总数800多人。30多年来，全世界平均每年发生沉船事故的船只约240艘，其中80%的海难是狂风巨浪酿成的。

在大洋上，有时会出现多个波峰和波谷汇合而成的一种特大的海浪，往往不易被船员发现。特别是夜晚时，正当船员熟睡之际，遭遇到这种特大巨浪袭击，船舶会很快翻沉。船员们常称这种浪为“睡浪”。“睡浪”的最大波高可超过 30 米，当船首位于波谷突然下沉时，巨浪以压顶之势袭击而来，船只很难逃过灭顶之灾。一些在大洋中突然失踪的船舶，很可能是这种“睡浪”造成的。

锚定在海底的近海钻井石油平台更是海浪袭击的目标。1980 年 3 月 27 日夜晚，位于墨西哥湾的“基兰”号石油平台被狂风恶浪吞没，遇难者达 120 多人。到目前为止，全世界遭狂风恶浪袭击而翻沉的石油平台有 60 余座。

一般浪高 6 米以上的海浪就可以看作灾害性海浪了。当海浪到达近海和岸边，它不仅会冲击摧毁沿海的堤岸、海塘、码头和各类建筑物，还会伴随风暴潮，损毁或击沉船只，席卷人畜和水产养殖品。

2. 风暴潮的警示

2005 年 8 月 29 日，“卡特里娜”飓风及其引发的风暴潮侵袭美国，海水淹没了地势低于海平面的新奥尔良等地，100 多万户家庭断电；大批房屋建筑被淹，超过 1833 人遇难。风暴潮导致墨西哥湾沿岸的石油工业陷入瘫痪，能源设备破坏严重，导致全国油价飙升，创历史新高。“卡特里娜”飓风是美国历史上迄今为止造成经济损失最大（约 1338 亿美元）的一次自然灾害，震惊全球。

不仅在美国，在孟加拉湾沿岸、大西洋北海沿岸国家以及日本沿海等许多地方，当风暴中心向海岸移动时，水位也可以升到异乎寻常的高度，以致摧毁船只，冲毁海堤，破坏港口设施和岸上建筑物，淹没田野、村庄、城镇，造成巨大灾害。

这种伴随着风暴的海面异常升高的现象被称为风暴潮，也叫气象海啸。

风暴潮是叠加在天文潮汐上的。住在海边的人，每天都可以看到海水周而复始地涨落，这就是潮汐。“涛之起也，随月盛衰”（汉王充《论衡》），沿海的潮汐运动就是主要由月亮的引力作用产生的。月圆时，潮涨得很大，弦月时，潮涨得很小。现代科学技术可准确地预报出各地潮汐每时每刻的涨落情况，这就是天文潮预报。将实际出现的潮位减去相应时刻的天文潮，余下的就是风暴潮，也称风暴增水。

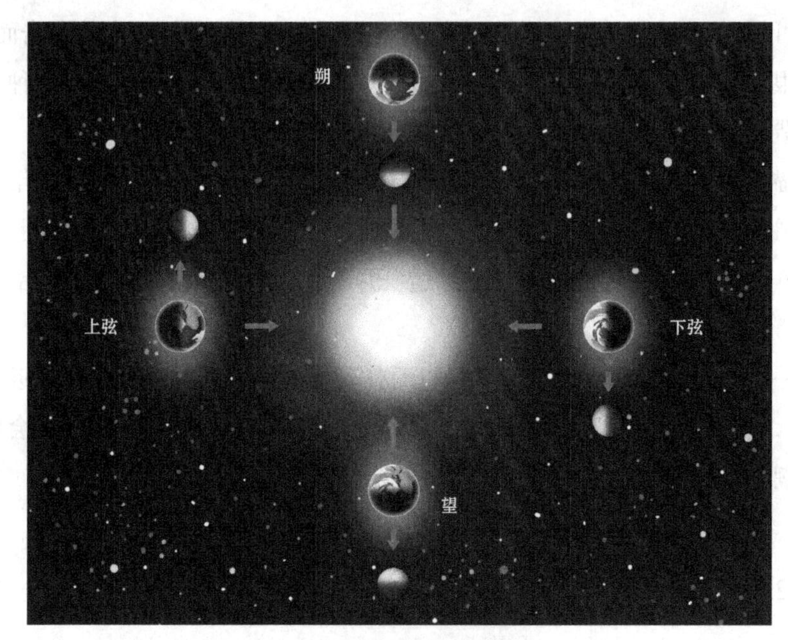

月亮引力对潮涨潮落的影响

风暴中心引起的海洋上汹涌的波浪有时纵深200千米。巨浪以每小时50千米以上的不寻常速度向前推进，它给人的印象是大海在发狂，好像就要翻转过来一样。此外，风暴潮还有一个极其可怕的特点：接近海岸时，由于海底摩擦作用，波速变慢，波浪变陡，波高不断增大 。有时滔天恶浪竟在岸边涌成一道高达40米的水墙。不过，一般说来，波浪的高度只有6～10米。但是，就这样也足以使海浪所经之处的一切荡然无存。

1953年1月30日，由北大西洋上风暴引起的风暴潮，使英国南部和荷兰、比利时广大地区在几小时内变成“汪洋大海”。当时，咆哮着的巨浪席卷大地，病人被淹死在床上，妇孺被波涛冲走，英国泰晤士河口的两个小岛变成了“死亡之岛”。在地势低洼的荷兰，这次被潮水淹没的陆地面积达2500平方千米，近2000人死亡，60万人无家可归。

我国海岸线漫长，南北纵跨热、温两带，台风与温带气旋、冷空气、寒潮等活动频繁，一年四季均有风暴潮发生。据统计，1949—2010年，我国大陆的台风特大风暴潮灾有33次，造成9649人死亡，直接经济损失达1500多亿元。

在春秋季节，我国渤海、黄海上空是冷、暖气流交汇地区，温带气旋、冷空气、寒潮等活动频繁，每隔几天便会发生一次。这些天气系统过境时带来的向岸大风，常会诱发风暴潮。这就是我们常说的温带风暴潮。1969 年 4 月 23 日，渤海海域处于北方高压系统南沿和南方低压系统北缘，冷暖空气交锋，势均力敌，渤海南端连续十个多小时 6 ～ 8 级大风，莱州湾地区最大增水和最高潮位分别达 3.55 米和 6.74 米，海水侵入陆地近 40 千米，造成严重损失。

近海地区工业集中，港口码头林立，还建有油气资源开发设施、核电站等，海浪对这些都有危害。现在不少沿海国家都在海岸上兴建各种堤坝，营造防护林带。堤坝和防护林带能够减缓海浪对海岸的冲击和侵蚀。科学家们也正在积极地进行科学研究，探索风暴潮的活动规律，建立风暴潮监测通信、调查研究和预报警报服务的综合体系，制订风暴潮袭击时的应急措施。

3. 好望角

1487 年 8 月，葡萄牙航海家巴塞罗缪·迪亚斯奉国王约翰二世的命令率领三艘帆船，去寻找通往印度的航路。他们从里斯本出发，沿着非洲西部海岸向南航行。

当他们进入南大西洋以后，风浪逐渐增大起来，航行艰难。一天，突然风暴骤起，高大的海浪排空袭来，帆船被推到远离海岸的大洋面上。船员们只好任凭船只被风暴裹挟着漂泊、颠簸。

他们在风浪中熬过了十几天，风浪才平静下来。迪亚斯和他的船员们举目四望，到处是水天相连，不知道自己到了哪里。他们卖力向东方眺望，却找不到大陆的影子，于是改变航向折转向北，果然发现了大陆，一个山岩陡立的岬角耸立在惊涛骇浪的大洋之上，十分壮观。他们欢呼雀跃起来。他们证实了非洲是有尽头的，这一天是 1488 年 2 月 3 日。

1488 年 12 月，迪亚斯回航葡萄牙首都里斯本，受到热烈欢迎。他当面向国王约翰二世献上绘制的地图。当他说到航行受阻于一个“风暴角”时，国王提笔把地图上的“风暴角”的字划去，改写成“好望角”，意思是绕过它就有到达东方的希望了。

然而好望角照样是终日西风强劲，巨浪翻滚。这里的海浪，前面犹如悬崖的峭壁，后面则像缓缓的山坡，一般高达 15 ～ 20 米，有时高达 24 米，7 米左右高的海浪每年达 110 多天之多，其余时间的浪高也在 2 米以上。1500

年，好望角的发现者迪亚斯也不幸在好望角附近的海面上丧生。仅20世纪70年代，好望角一带就有11艘万吨货轮遇难。航海人称好望角是不好过的“鬼门关”。

好望角的形状颇似一个鹰钩鼻，长约4.8千米，在南非共和国开普半岛的西南端，孤悬于大西洋和印度洋交汇处。这里接近于南纬40°，正好处在盛行西风带上。南半球陆地少、水域辽阔，自古以来就有“水半球”之称。在风向比较稳定的强劲西风影响下，11级的大风就像家常便饭似的在广阔的海面上经常吹刮着，并且时常有风暴经过，于是就在洋面上掀起大浪、巨浪或狂浪了。

英国巡洋舰“比尔明加姆号”遭遇凶浪

第二次世界大战期间，英国巡洋舰“比尔明加姆号”正从印度洋向好望角西北的开普敦行驶，全速前进的巡洋舰突然陷进了一个大坑似的漩涡之中。接着迎面又扑来了大浪，直接倾泻在舰桥上。水兵被打倒了，躺在了半米深的水中。面对这突如其来的情况，人们以为是舰艇遭到了鱼雷的袭击，于是舰长发出战斗警报……然而，舰艇除了在海浪中摇曳颠簸之外，并未发现敌情。一段时间以后，航行恢复了正常，一场虚惊才算平定下来。过后他们才知道，这一场虚惊正是好望角海域的杀人凶浪所引起的。

好望角海域的巨浪从西南方向过来，而船只又是向西南航行的，正好迎着巨浪冲击的方向，因而巨浪对航船的破坏显得十分无情。

当地的气象条件对航行也有重大影响，特别是当低气压沿海岸向东北移动时，它所造成的危险最大。这一带海岸一旦出现低气压，海上东北风立即转为西北方向，风助浪威，浪借风势，海面上立即就会掀起三角巨浪，这时，厄加勒斯海流也不甘示弱，这就使这一带海区的海况更加险恶起来了。

在连接红海和地中海的苏伊士运河开凿以前，好望角是大西洋和印度洋之间航运的必经之路。即使在今天，37 万吨以上的巨轮也还是要绕道好望角。西欧和美国所需要的石油，一半以上需用超级油轮经好望角运送。

使人恐惧的好望角在海上交通方面的位置太重要了。

（七）让风为我们服务

1. 看风识天气

“东风送湿西风干，南风吹暖北风寒。”这则民间谚语在我国流传很广。它说明不同的风会带来冷暖干湿不同的天气。

我国东临海洋，西连大陆，风东吹西刮、南来北往，担负着交流寒暖、运送水汽的任务。东风湿、南风暖，暖湿的东南风为雨云的产生提供了丰富的水汽条件，只要一有上升的机会就会成云致雨，所以有“要问雨远近，但看东南风”和“白天东南风，夜晚湿衣裳”的说法。而西风干、北风寒，晴天刮西北风，预示着继续晴冷无雨；雨天刮西北风则预示着干冷空气已经压境，云层升高变薄，不久就会云消雨散了，谚语说“西北风，开天锁”，正是这个道理。

不同的风向以及风向的变换，又往往反映了不同的天气系统的影响。不同天气系统有着不同的天气特点。随着天气系统的发展和移动，天气也相应地发展和变化。

在北半球温带地区，地面上若出现两股对吹的风，往往就是两股规模大、范围广，温度、湿度不同的冷气流和暖气流。在暖湿气流和干冷气流相遇的地带，易形成锋面。锋面一带，暖湿气流的上升运动最为旺盛。有时暖湿气流势力强大，主动北进，并凌驾于冷气流之上，向上滑升，冷却凝云。这时，天上云向（暖气流）与地上风向（冷气流）相反，“风与云逆行”，随着云层迅猛发展、增厚，便形成范围广大、连绵不断的云雨了。有时，干冷空气的势力比暖湿气流强大，它主动出击，像一把楔子直插暖空气下面，把暖湿空气抬举向上，锋面一带便出现雷雨云带，雷鸣电闪，风狂雨骤。

锋面云雨带的生消、移动，决定于南北气流势力的消长，也就是与风的关系密切。某地南风劲吹，说明该地处于锋面云雨带以南，这时暖锋北去，天气晴暖。但是，“北风不受南风欺”“南风吹到底，北风来还礼”，每一次吹南风的过程，虽晴暖一时，但却预示着北风即将推动冷锋南下，所以，一旦转了北风，就会云涌雨落。而南风刮得愈久，说明暖湿气流积蓄的力量也愈强，北方冷空气一旦南下，愈易出现势均力敌的拉锯局面，使锋面在这一地区南北摆动、徘徊不去，会形成连续阴雨的准静止锋天气，因此有“刮了长东南，半月不会干”的说法。如果冷空气势力特强，南下的冷锋云雨往往一扫而过，一下子被推到南方的海洋上；北风愈猛，晴天愈长久，因此有“南风大来是雨天，北风大来是晴天”之说。

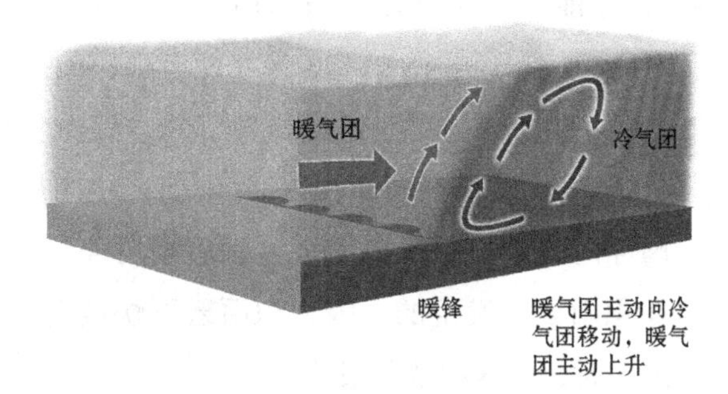

暖锋锋面结构

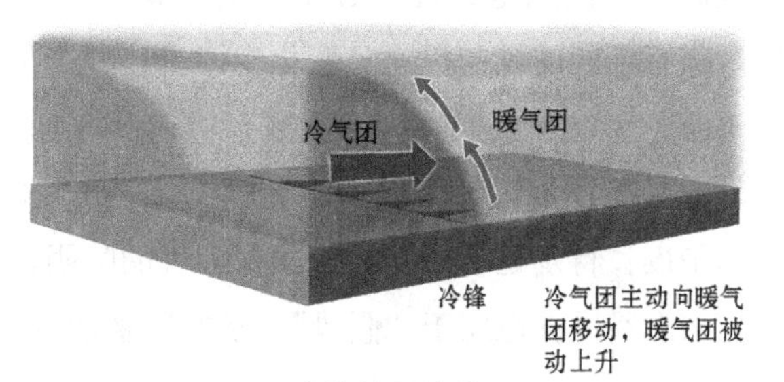

冷锋锋面结构

需要注意的是，相同的风也不一定会出现相同的天气。看风识天气还得看具体条件。

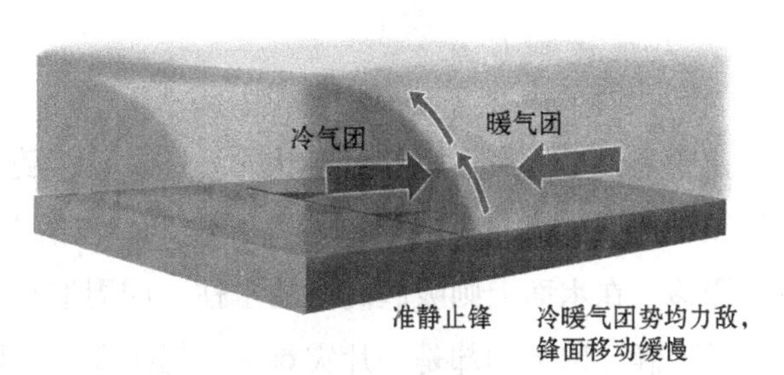

准静止锋锋面结构

首先要看季节。在夏季，暖气流强于冷气流，东南风一吹，锋面云雨带推向北方。这时长江中下游地区在单一的暖气流控制下，空气缺乏上升运动的条件，所以有“一年三季东风雨，独有夏季东风晴”的说法。要是在太平洋副热带高压的稳定控制下，盛行夏季风，天气晴热少雨，于是“东南风，燥烘烘”。如果夏季吹西北风，反而预示下雨，所以有“冬西晴，夏西雨”“夏雨北风生”的谚语。在冬半年，冷空气强于暖空气，西北风常把锋面云带推向南方海洋。这时长江中下游地区在单一的冷空气控制下，天气晴朗，正像谚语所说的“秋后西北田里干”“春西北，晒破头；冬西北，必转晴”。如果这时刮起东南风，但刮不长，预示锋面云雨带影响到本地，天将变阴。

其次要看风速。谚语说得好，“东风有雨下，只怕太文雅”，只有“东风昼夜吼”，才能“风狂雨又骤”；只有“东南紧一紧”，才能“下雨快又狠”。冬天和旱天，偏东风要刮 2 ～ 3 天才能有雨；如果风力达到 5 ～ 6 级，则刮 1 ～ 2 天就可能下雨。而在初夏和多雨期，只要东南风刮一阵就会下雨。此外，“风是雨的头，风狂雨即收”。阵雨前，往往是风打头阵，先刮风，随后下雨。雨停的时候也是风先增大，然后雨再停，即“狂风遮猛雨”。这种现象都是在积雨云下发生的。因为积雨云下快接近雨区时先有风，然后下雨，待风大雨大时，雨区很快就过去了。

最后，要注意地方性。必须区别“真风”和“假风”。在一般情况下，各地区都有不同的风向风速日变化规律。这种正常的日变化规律，并不反映天气系统的影响，人们称为“假风”。只有风向稳定在某个方向，风力逐渐增大，才是能预示天气变化的“真风”。一般“真风”要从早刮到晚，从傍晚刮到午夜；特别是夜风，对于预报天气的晴阴转折，效果更好。至于地方性风，如山谷风，也属于“假风”，不能用来预报天气转折。

2. 人工控制龙卷

龙卷是雷雨云底下垂的漏斗状的云柱及其伴随的非常强劲的旋风。当漏斗伸至地面时，大量的沙石、碎片、尘土，包括人在内，都会被吸到半空，飞舞漂移。在水面上则吸起高大的水柱，四周浪花飞旋。几分钟后，一切又恢复了平静，留下的却是一片灾难——树拔车翻、墙断屋破、农田毁坏、人畜伤亡。

龙卷能造成巨大的破坏，是因为它所带来的能量，可与核爆炸相提并论。龙卷的旋转风速达 120 米 / 秒，大时可超过 200 米 / 秒。当龙卷的漏斗状涡旋直径为 200 米时，其旋转功率达 3 万兆瓦，相当于 10 座巨型电站的总发电量。为此，科学家设想根据龙卷的形成原理制造“人造龙卷”，让龙卷为人类服务。

空气动力学家严隽森博士设计制造了“龙卷风机模型”。它是一个塔形可旋转的结构，四周全是由板条间隔成的方格小窗，向风面的小窗开着，背风的小窗关着。风吹进塔后开始旋转，形成小龙卷。小龙卷下面的塔基装有一个螺旋风动叶轮，龙卷将下方的空气吸入塔中时便转动风动叶轮，带动发电机发电。这种龙卷风机发出的电能比同样大小的风动叶轮风车功率高

10倍。

龙卷风机模型

俄罗斯科学家曾在人造龙卷中心加入水，不仅靠人造龙卷的旋转力发电，而且把随龙卷旋转而冻结的水所放出的热量也变为电能。计算表明，这种人造龙卷在每小时消耗60吨水后能产生2000兆瓦的能量。

龙卷的形成过程是不稳定的，其中冷空气的下沉代表一个关键的能量流动。据报道，美国国家航空航天局曾设想在太空部署一个太阳能卫星阵列，每个卫星都装有几十千米见方的太阳能电池板，将太阳能转化为电能用微波传输给地面接收站，用接收能量来“对付”台风。一块几平方千米的太阳能电池板，能发出一束功率为10亿瓦左右、频率在10～100赫兹的高度聚集的微波束，而这个频谱内的微波能量能被水分子吸收。因此，几枚卫星的微波束加在一起，使龙卷在形成过程中的下沉冷空气在高能微波束的照射下温度升高，便阻止了龙卷的形成。

随着科学研究的深入，人们将逐渐熟悉、控制和利用龙卷，让千百年来肆虐不羁的龙卷变害为利，造福人类。

3. 话说风能

风，蕴含着能量。

科学家们计算，风速为9～10米/秒的5级风吹到物体表面上，每平方米受力约100牛顿；风速为20米/秒的9级风吹到物体表面，每平方米受力约500牛顿。台风的风速可达50～60米/秒，每平方米物体表面受力为2000牛顿。

风力的利用，从古代就开始了。在我国，“夏禹作舵，加以篷碇帆樯(《物原》)”。这说明3000多年前已利用风力驱动帆船。辽阳三道壕东汉晚期的汉墓壁画上画有风车的图样，表明风车在我国至少有 1700 多年的历史。此后，1405—1433 年的 28 年间，郑和靠风帆助航下“西洋”。而且从明代开始“用风帆六幅，车水灌田，淮扬海皆为之”（方以智《物理小识》）并出现了用于农副产品加工的风力机械。

埃及在公元前 3600 年前就使用风车提水、灌溉。人们至今还可以看到古埃及风磨的遗留品。

在欧洲，英国于公元 1185 年在其北部的约克郡建造并使用了一台风车，这是西欧最早的风车。14 世纪荷兰人改造了风车结构，广泛用来排除沼泽的积水和灌溉莱茵河三角洲。到 19 世纪，风车的使用达到全盛时期，当时不仅荷兰有风车 1 万多台，美国西部地区农村更有风车 100 万多台。一直到 20 世纪初，多风的丹麦还保留有风车 10 多万台。英国、希腊等岛屿国家的乡村，都在广泛地使用着风车。

郑和下西洋所使用的帆船模型

然而，20 世纪以来，内燃机和电子技术的广泛应用，导致了轮船的出现，依靠风力推动的帆船几乎被淘汰，古老的风车也一度变得暗淡无光。1973 年全世界能源危机发生以后，人们才认识到煤、石油等矿物燃料储量有限，终究会消耗殆尽，燃料燃烧会污染大气造成环境问题日益严重，于是没有耗尽之虞、可再生而又无污染特点的风能，又以新的姿态进入了人类的生活和生产。

风是一种潜力很大的能源。也许有人还记得，18 世纪初，横扫英法两国的一次狂暴大风，摧毁了 400 多座风力磨坊、800 多座房屋、100 多座教堂、400 多条帆船，并有数千人受到伤害，25 万株大树被连根拔起。仅就拔树一事而论，风在数秒钟内就发出了 1000 万马力（即 750 万千瓦；1 马力等于 0.75 千瓦）的功率！科学家估计过，地球上可用来发电的风力资源约有 100 亿千瓦，是现在全世界水力发电量的 10 倍。目前全世界每年燃烧煤所获得的能量，只有风力在一年内提供的能量的 1/3000。开发风力，利用风力发电，是当代利用风能的一种形式，充满了诱人的前景。

多大的风力才可以发电呢？

一般说来，风速为3.4～5.4米/秒的3级风就有利用价值。从经济合理的角度出发，风速大于4米/秒才适宜于发电。据测定，一台55千瓦的风力发电机组，当风速为9.5米/秒时，机组的输出功率为55千瓦。风力愈大，经济效益也愈大。

在德国，现在每年由风力提供的能量占全国所需能量的6%～8%。欧美许多国家正兴起采用风力机群联合发电的热潮。500千瓦的风力发电机开始进入市场。1997年，世界风力发电机装机容量猛增到152.6万千瓦，其中以德国50万千瓦为最多。到2010年底，世界风电累计总装机容量约增至1.9亿千瓦。

近年来，人们还利用太阳能晒热空气形成风的原理，人工制造风来发电。在西班牙的马德里，一座人造风发电装置已投入使用，可发出100万千瓦的电力，这就相当于一座中型的原子能发电站了。

我国风能资源极为丰富。科学家计算，全国有可利用的风能资源约为2.53×10^8千瓦，相当于1992年我国发电总装机容量的1.5倍。20世纪50年代，我国开始摸索研制风力发电机。1983年，在浙江泗礁岛上建造了40千瓦风力发电站且并网发电。此后，在内蒙古自治区投入使用了50～500瓦小型风力发电机，数量达10万台，使边远地区农牧民用上了电灯，看上了电视。接着，在我国风能资源丰富、电网通达的地方陆续建成9个风力发电场。1992年国产55千瓦风力发电机开始安装在内蒙古商都风电场上。1998年3月18日，2台国产300千瓦风力发电机在广东南澳岛上开始发电，这是我国头两台大型国产风电机；当年底，地处南澳岛的风电场总装容量达到4.3万千瓦。而新疆达坂城风电场至1998年上半年为止装机容量更达6.36万千瓦。

以一曲《达坂城的姑娘》名扬海内外的新疆达坂城地区，是我国目前最大的风能基地。这片位于中天山和东天山之间的基地，西北起于乌鲁木齐南郊，东南至达坂城山口，是南北疆的气流通道，可安装风力发电机的面积在1000平方千米以上，同时风速分布较平均，一年12个月都可开机发电。达坂城风力发电场年风能蕴藏量为250亿千瓦时，可利用总电能为75万千瓦时，可装机容量为2500兆瓦。

我国海上可开发风能资源约7.5亿千瓦，是陆上风能资源的3倍。海上风能资源主要分布在东南沿海地区。2010年，上海东海大桥10万千瓦海上风电场建成投产，这是全球除欧洲之外的第一个、也是我国第一个海上风电并网项目。该项目位于上海市海域，距海岸线 8 ～ 13 千米，平均水深 10 米，有效风时超过 8000 小时，容量 102 兆瓦，全部采用自主研发的 34 台 3 兆瓦海上风电机组。投产后满负荷可达 2600 小时以上，发电效益高于陆上风电场 30% 以上。如果年发电量可达 2.6 亿千瓦时，所发电能通过海底电缆输送回陆地，可供上海 20 多万户居民使用一年，相当于每年节约燃煤 10 万吨，每年减排二氧化碳约 20 万吨。

据了解，截至 2010 年底，我国风力发电装机容量累计达到 4229 万千瓦，由 2009 年世界排名第三跃居第一。

我国风能资源主要分布在内蒙古、新疆、甘肃河西走廊及东北和华北的部分地区。它与东南沿海海岸并称为两大风能资源丰富带。辽东半岛沿海和青藏高原北部地区风能资源也很丰富。此外，还有冬半年风大、夏半年风少的风能可利用区。对于缺水、缺燃料和交通不便的沿海岛屿、草原牧区、山区和高原地带，因地制宜地利用风力发电，非常适合，大有可为。

风能和太阳能、海洋能一样，没有公害，而且“取之不尽，用之不竭”，是一种可再生能源。数据显示，1971—2010 年，全球风能年平均增长 45%。在未来的世界里，风仍然是能源舞台上的一个重要角色。

4. 忙趁东风放纸鸢

“忙趁东风放纸鸢”是清代诗人高鼎描写儿童放风筝所作《村居》诗中的名句。

草儿长，莺儿飞，垂柳鹅黄。这正是春光明媚的二月天。放学回家的儿童，欢快地跑到春光笼罩的原野里，借着吹拂的春风，争先恐后地把风筝放上那万里晴空。

我国人民最早发明风筝。2000 多年前的春秋战国时代因其采用木头制成，叫它“木鸢”。隋唐时期，由于造纸业发达，改用纸糊，即“纸鸢”。五代时，有古书记载：“汉李邺于宫中作纸鸢，引线乘风为戏。后于鸢首以竹为笛，使风入竹，声如筝鸣，故曰风筝。”

中国风筝，从唐宋开始向世界传播，先是朝鲜、日本、马来西亚等东南亚国家，然后传到欧洲和美洲等地。欧洲产业革命以来，中国风筝在那里向着飞行器发展，最后在美国由莱特兄弟造成了最早的能载人飞行的飞机。

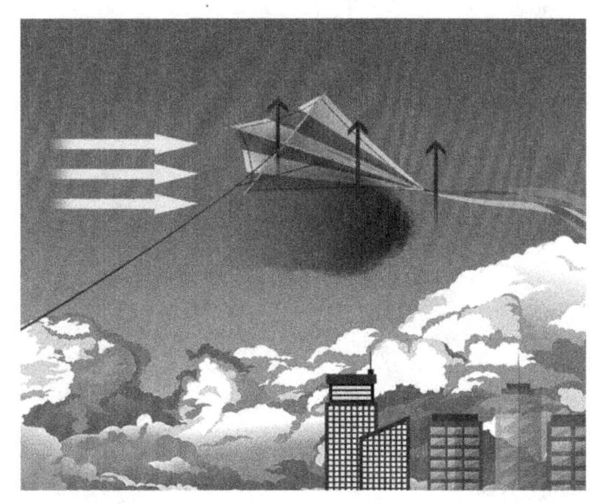
风筝受力原理图

那么，风筝为什么能飞上天空呢？入春以后，地面受阳光照射，增温明显，上升气流明显加强，正是放风筝的好时节。人拉着风筝前进，风筝保持头高尾低的姿态，气流在遇到风筝时，被分成两股，分别从风筝上下边缘绕流过。风筝通过挤压下半部分的空气而获得向上的动力；此外，由于上部空间大，密度变小、气压降低，下部空气密度变大、气压升高，气压差也导致风筝上升。飞上天空的风筝，当风的升力与风筝自身的重量和牵线的拉力三者基本达到平衡时，它能在空中稳当地悬游。当风力小时，风筝自身重量过轻，放飞后会左右摇摆，甚至一头栽落地面，这时需要在尾部系一段细绳，使风筝受力平衡。风力足够时，如果风筝还是飞不起来，那便是风筝重了，这时应将风筝的骨架做得更加精细，本身的纸尽量轻薄。另外，风筝结构不对称，受力不均匀，也难以飞起来。

我国北方风大，流行硬膀风筝，如沙燕、人物和长龙等。南方风力和缓，多用软翅，如蝴蝶、蜻蜓等。有的风筝上不仅装有竹笛和弦，还装上了明亮的灯笼，声像俱美。好的风筝的骨架结构，以及牵线的部位、长短、根数、角度，都设计得十分科学，所以能飞得高、飞得稳。

开封、北京、天津、潍坊、南通和阳江是我国六大传统风筝产地。潍坊市被各国推崇为“世界风筝之都”。每年 4 月 20—25 日，在山东潍坊举行的潍坊国际风筝节是一年一度的国际风筝盛会。每年的国际风筝节都吸引着大批中外风筝专家和爱好者及游人前来观赏、竞技、游览。

人们传说中的平面形风筝即板子风筝，它的升力片是主体，无凸起结构，风筝四边有竹条支撑。此类风筝较常见，扎制容易，飞升性能好，又适合表现多种题材，是青少年最喜爱的一种风筝。

放风筝能够使人从头到脚都得到锻炼，精神上能得到放松，是一项“身心一体化”的健身运动。

三

再说地球上的风

（一）干热的“杀麦刀”①

在初夏时节，我国一些地区经常出现一种高温、低湿的风，科学上叫它干热风。它也叫热风、火风、干旱风等。它是一种持续时间较短（3 天左右）的特定的天气现象。

这是一种农业气象灾害，是危害小麦的“杀麦刀”。我国农谚早有“麦怕四月风，风过一场空”之说。因为在初夏，正当我国北方小麦的灌浆时期，麦穗一旦遇上干热风天气就会被烤得不能灌浆，提前“枯熟”——麦粒干瘪，粒质量下降，导致严重减产。一般可使小麦减产一二成，严重时可达三成以上。

干热风在黄（河）淮（河）平原、河西走廊及新疆塔里木盆地，尤其以山东的菏泽、德州，江苏的徐州，安徽宿县、蚌埠，甘肃的民勤、金塔和新疆的吐鲁番、鄯善、托克逊等地最为常见。此外，新疆的玛纳斯流域、陕西的关中地区、长江中下游平原和东北平原的西南部地区也常出现干热风。

各地自然特点不同，干热风成因也不同。每年初夏，我国内陆地区雨水稀少，气候干燥，天气炎热，致使空气增温强烈，气压迅速降低，形成一个强大的大陆热低压。在热低压周围，气压梯度随着气团温度的增加而加大，于是干热的气流就围着热低压旋转起来，形成了又干又热的风，这就是干热风。在蒙古国和我国河套以西与新疆、甘肃一带，是经常产生大陆热低压的地区，也是常常受到干热风影响的地区。例如位于欧亚大陆中部的塔里木盆地，气候极端干旱，经常有大范围的干热风发生。强烈的干热风对当地的小麦、棉花、瓜果等都会造成危害。

在黄淮平原，干热风形成的主要原因是大气干旱。春末夏初，是我国北方雨季来临前的天气晴朗、少雨的时期。这时正是北半球太阳直射角最大的季节，地面增温快，成云致雨的机会少，天晴、干燥、风多，在这种干燥气团的控制下，便形成了干热风，这种干热风，对这一带小麦后期的生长发育不利。

太平洋副热带高压西部的西南气流，促使江淮流域形成干热风。太平洋

① 本节以及本章（二）至（十四）节陆续写于 20 世纪 80 年代至 21 世纪初。

副热带高压是一个深厚的暖性高压，从地面到高空都是由暖空气组成的。春夏之际，这个高气压停留在江淮流域上空，以后逐渐向北移动。由于高压区内，风向是顺时针方向吹的，所以在副热带高压的西部，就吹西南风，江淮流域此时位于副热带高压偏北部和西部地区，受这股西南风的影响，产生了江淮流域干热风天气。

在长江中下游平原，梅雨结束后天气晴干，偏南干热风俗称“火南风”，往往伴随着伏旱同时出现，对双季早稻（或中稻）抽穗扬花不利。

干热风对作物的危害，主要是高温、干旱。这是因为强风迫使空气和土壤的蒸发量增大，作物体内的水分消耗很快，从而破坏了叶绿素等色素，阻碍了作物的光合作用和合成过程，植株便很快地由下往上青干。干热风常常和干旱一起危害作物，作物根部本来就吸不到水分，而干热风却又从茎叶中把大量的水分攫取走了，因而使作物更快地萎黄枯死。人们把这种现象称为“青枯”“急死”“假熟”。

同样的干热风天气条件，其危害程度与春季的天气气候、地形土质、小麦生育状况以及各种农业技术措施有密切关系。春季阴雨过多，作物生长嫩弱、生育不良、抗旱能力差，小麦易感染病害，并会迟熟 2 ～ 5 天；即使遇上一场弱干热风，对小麦也能造成危害。春季干旱少雨，由于土壤长期缺水，小麦生长受阻、植株瘦弱、根系不发达，这种情况也容易加重干热风的危害。

干热风的危害程度，还与干热风出现前几天的天气状况有关。如雨后骤晴，接着出现高温低湿的燥热天气，危害较重。干热风发生前如稍有降水，对减轻干热风危害是有利的。从播种时间的早晚来看，晚麦容易受害。所以，农业谚语说：“早谷晚麦，十年九坏。”从农时来看，小满、芒种是一关，农谚有“小满小满，麦有一险”的说法。就是说，小麦在小满时还没有灌浆乳熟，是容易受到干热风的危害的。

另外，在保水保肥、通风性能良好的砂壤土上，麦株受干热风危害程度最轻。而高冈丘陵、沿河沙滩地、低洼地、火沙地、盐碱地、淤土地及周围环境是向阳的坡地、无防风林网保护的地方等，都容易受到干热风的危害。

因为各地小麦生长状态和条件不同，干热风特点不同，干热风标准也有差异。一般以最高气温大于等于 30℃，相对湿度小于等于 30%，风速大于等于 3 米 / 秒为标准；对于以高温为主的干热风，风速小于等于 2 米 / 秒；

而对于干风为主的则气温大于或等于 25℃、相对湿度小于或等于 30%、风速等于或大于 4 ～ 5 米 / 秒，作为干热风标准。

我国劳动人民在长期的生产实践中，积累了许多防御热干风的经验，创造了一些行之有效的方法。首先掌握好干热风的天气规律，做好干热风预防，经常受干热风危害的地区，引进和选育丰产、早熟、抗旱、抗锈、抗干热风品种；适时早播、早栽，加强田间管理，尽可能避开和减轻干热风的威胁；合理灌溉浇麦黄水、改善农田小气候，灌溉期可采用化学措施，防御干热风，如小麦可喷洒磷酸二氢钾和草木灰水等，生产实践证实有一定效果。

从长远的观点来看，营造护田林网防御，可以起到改良气候的作用，能避免或者削弱干热风的危害。

（二）西蒙风、哈麦旦风和狂热风

地球上任何一个陆地沙漠都有自己的风，而且它们各不相同，在这里，被风向上卷起的尘沙，肆意横行！

撒哈拉沙漠和阿拉伯沙漠春秋两季常有一种干热得令人窒息的风。这种风叫“西蒙风”。在阿拉伯语中，西蒙风的意思是毒风、酷热风。它还被称为死亡的呼吸和火风。这种风一直吹到埃及和利比亚的海岸。

西蒙风到来前1小时或更短的时间里，地平线上会有乌云出现。乌云迅速增大，天空很快就被阴霾盖住，甚至阳光都透不过来。这时风沙开始狂舞，能见度降到几米之内，或者几乎等于零。漫游非洲的俄罗斯著名旅行家A·B·叶尼谢耶夫讲述道：“正午时分，我们躲避在帐篷的阴影下……周围的一切静悄悄。

“然而炎热的空气中传来某种迷人的响声……带着有力的金属声……声音飘荡着消失在酷热的空气里，仿佛来自某个高度，然后在地面上消失。‘这些歌声不是好兆头。’向导说。

“过了几分钟，一团团尘土遮住了太阳……移动的沙丘顶部飞到了酷热的空气中……空气闷热难当……人和动物都喘不过气来。没了空气，似乎它升到了高处并随完全遮住地平线的红褐色烟尘一同飞去。

“半个小时后，真正的‘火风’袭来了。人们头上蒙着风衣，骆驼紧贴着地面，都喘不上气来，心脏跳动得可怕……头痛得厉害，嘴和咽喉干得仿佛结了痂，空气不够用，胸部憋闷，我觉得，再过一个小时，我不可避免地就会被沙子慢慢憋死。”

西蒙风通常只能肆虐20～30分钟，但却会把沿途的沙丘吹得变形，会把大量的沙子从一个地方移向另一个地方。根据许多著作考证，在1805年西蒙风埋葬了2000人和1800只骆驼。

在撒哈拉大沙漠形成、发展得非常干热的“西罗科风”，吹经非洲北部越过地中海，吸收了水分，便吹袭到欧洲海岸甚至德国和意大利南部，成为一股闷热、潮湿、令人困乏的风。曾有一个德国人，在慕尼黑驾车造成了严重事故。他在法庭上申辩说，当时正刮着西罗科风，因此反应失常，请求宽恕。法官却作了严厉的判决，理由是：明知此风会误事，更应该小心谨慎地驾驶。

苏丹中部地区有时吹“哈布卜风”。它是一种尘暴侵袭前的狂风，时速约每小时160千米，卷起沙漠中的沙粒，仿佛一堵墙壁似的扑面而来，转瞬间变得天昏地暗。

非洲几内亚湾沿岸的气候炎热多雨，可是那里有时会刮起一种火一般的干风，当地人称这种风为“哈麦旦风”。这种风来自撒哈拉沙漠，风把那里干热空气、红色尘埃带到了几内亚湾上空而形成的。

哈麦旦风吹来时，天空中沙尘弥漫，能见度很小，稍远一些的房屋、树木都看不见，附近的机场关闭。这种风一刮就是几十小时，道路、屋顶、树木表面都抹上了一层红色，天空也变得红彤彤的，原来绿色、湿润的地方一下子成了一片干燥的红色世界。风过后，植物枯萎及至死亡，连人们的皮肤、指甲也会开裂。当这种风劲吹时，人们惊恐万状，奔走相告：哈麦旦风来了！哈麦旦风来了！

在伊朗无水的卡维尔沙漠和卢特沙漠，有时肆虐着强劲的“巴德伊卡西夫风”和“特巴德热风”。当地人称前者为坏风和脏风，而称后者为狂热风。可见都称不上是“好”风。这种风对穿越沙漠的骆驼运输队非常危险。19世纪周游亚洲的匈牙利科学家A·瓦姆别利在自己的日记中写道：“当我们来到一片沙丘前时，驮队头目和向导指着正在向我们移近的尘云，提醒我们应当尽快赶路。可怜的骆驼比我们更有经验，它们已经感觉到了特巴德热风的来临，绝望地吼叫着跪在地上，把头伸向地面，试图把头埋进沙子里，我们也连忙躲藏在骆驼的后面。大风夹着低沉的响声向我们袭来，很快在我们身上就盖上了一层沙。触及我们的皮肤的第一批沙粒，给我们以火雨的感受……”

伊朗吹刮的“百二十日风”，是一种疯狂干燥的风，它席卷起沙漠中的大量黄沙，落下来时会掩埋整个村庄！

（三）魔鬼城

在新疆北部准噶尔盆地古尔班通古特沙漠西北的乌尔禾地区，有一座方圆十多公里的古城堡，人们称它为“风城”。当人们涉足风城，就如同进入另一个世界。这里奇峰拔地而起，怪石耸立其中。在沟壑纵横、土岗林立之间，你仿佛会见到王公贵族的宫廷，挑旗叫卖的酒肆，庶民百姓的蜗居，恍然有如古代车水马龙、摩肩接踵的繁荣市井。远处望去，展现眼前的是一片海市蜃楼般的奇景，呈现出魔祟迭生、变幻多端的画面。

“风城”——新疆乌尔禾

风城在蒙古族及哈萨克族同胞中又被称为“鬼山”。清晨，当第一缕阳光照射到这块土地上时，四周是死一般的沉寂，黄昏，夕阳的余晖在奇形怪状的山峦上镀上黄金，但山峦、土丘，还拖着长长的黑影；黑夜，四处发出阵阵的尖叫声，由远而近，狂风卷起弥天沙雾，一片恐怖的气氛。这时，风撼山崖，沙打石壁，鬼哭狼嚎，仿佛“魔鬼”开始在这里聚居了。因此，也有人称这里为“魔鬼城”。

其实，这种奇妙的景象，地质学上称它为风蚀地貌。大约 1 亿年前（地质学上称为白垩纪），乌尔禾地区曾是一个巨大的淡水湖，气候比较湿热，植物生长茂盛，地上有许多巨大的克拉玛依龙和乌尔禾剑龙，天上有带翅膀的翼龙，水里有天山盆齿鳄和鱼鳖，一派生机勃勃的景象。后来，地壳运动使这里陷下去了，湖泊中的泥沙渐渐地在湖底积压成砂岩和泥岩，互相夹在一起。又经过若干万年，地壳又一次大运动，使这里又更高地抬升起来，于是湖水渐渐干涸，湖面变成了一望无垠的平平高地，地质学上叫它戈壁台地。平平的戈壁台地，正好对着准噶尔盆地的著名大风口——老风口的风道上，这里狂风怒吼，一刮就是五六级，甚至是 10 ～ 12 级；暴雨倾盆，平平的高地在暴雨洪水的冲刷下，形成了无数条深沟和高矮不等的土岗。较软的砂岩受侵蚀快，较硬的泥岩受侵蚀慢，造成了差别侵蚀，天长地久，平平的戈壁台地被破坏了。长期风沙吹蚀刀刻斧凿般地把土岗逐步雕成了一个个奇形怪状、玲珑剔透的模样，令人叹绝。

新疆奇台境内的诺敏“魔鬼城”也是一个令人恐惧的地方。这个地方比克拉玛依的乌尔禾“魔鬼城”大 7 倍，总面积达 84 平方千米。地面上吹蚀沟的深度可达 10 余米，沟与垄脊的长度由数米至数百米，蔚为壮观。这也是受风力的雕凿和流水的切割，经过地质学上的三叠纪、侏罗纪、白垩纪的各种沉积物组合而成的。这里四季多风，每当夜幕降临，劲风吹过，黄沙蔽日，呼啸的狂风在城中穿梭回旋，石击沙鸣，会发出恐怖的呼啸，犹如千万只野兽在咆哮，如同鬼怪在哭叫、悲啼，令人魂飞魄散，所以也得名“魔鬼城”。

这样的“魔鬼城”，在新疆东部兰新铁路十三间房风口以南一带，也有广泛分布。尤其是在哈密市西南 70 千米处的五堡乡境内，新第三纪红褐色粉沙岩出露地区的风蚀城堡，从地貌面积之大、景点之多、造型之独特、类型之齐全方面来讲，有人称其为“西域第一魔鬼城”。

风蚀柱

哈密五堡风蚀城堡东西长 50 千米，南北宽约 15 千米，高约 20 ～ 25 米。人们来到这里，仿佛置身于几世纪前的一个古城堡之中，城门大开，“守门卫士”身穿盔甲，昂首挺胸，威风凛凛；又仿佛走进了天竺佛国的圣殿经堂，各种各样的佛龛窟随处可见。城内各种亭、台、楼、阁造型精美，形态万千。还有苍鹰、鸳鸯等飞禽，千姿百态，单峰驼、双头马、海豚等兽类栩栩如生，令人目不暇接，赞叹不已。这一带正处于八百里风区的哈顺戈壁，地势平旷，一旦刮风，便黄沙弥漫，飞沙走石，昏天黑地，仿佛有众多魔鬼倾巢出动，发出凄厉的吼叫声，令人毛骨悚然。

风蚀蘑菇

（四）水上龙卷

2007 年 9 月 6 日下午 5 时 40 分左右，江苏省高邮市的天空原本还是一片夕阳红，霎那间，一条高达千米、水天相接的黑色水柱出现在高邮湖面上，湖面水位同时下降了几厘米。黑色水柱在空中盘旋环绕，接近湖面的地方则蒸腾起一大片水雾，正如一头大象把巨大的鼻子伸入水中不停地搅动。大约 10 分钟后，这条巨大的水柱逐渐散去，紧接着大雨倾盆，天地间混沌一片。由于当时在湖中作业的船只不多，并且大都在离岸边较近区域活动，因此，没有造成人员伤亡。

2012 年 10 月 20 日 9 时 50 分，青海省青海湖海心山北侧出现水龙卷。目击者称，在约 40 分钟内，先后共有 9 条白色水柱，从空中垂直与湖面相接，十分壮观。

水上龙卷

产生在海上的水龙卷又称为海龙卷。1958年9月1日，人们在苏联一个疗养胜地，地处黑海岸的古尔祖夫曾见识过来去匆匆的水上“擎天柱”。当时在海边疗养的人都被这一奇特的自然景象吸引住了：离岸四五千米左右的阿尔达格山和遥遥相对的海面上空突然出现了两股旋转的水柱，高度有500～600米，直径有数十米。巨大的水柱矗立在黑海海面上，与空中的乌云遥遥相接。这两条水柱，头一个较细，且越来越细小，和另一条粗大的平行；后一个越变越短。眨眼之间，头一个水柱便消失在阿尔达格山背后。后者在推进过程中，被一艘长达数十米、排水量8000吨的冷藏渔船冲破。看到这景象的人无不惊叹不已。

海面上的龙卷

1989年10月14日，山东庙岛群岛有五十多条渔船正在海上作业。北方上空一块乌云扎向海面，平静的海面骤然沸腾起来，风起浪涌，浪花伴着响声，在200多米远的地方，突然拔海面而起一条水柱如出水蛟龙，主柱旋转着，升腾着，如烟似雾，扶摇直上，插入云天。只见柱体内闪烁着黄、紫相间的色彩，向渔船步步逼来。水柱直径5米多，海水盘旋上升，水雾融为一体，响声如雷。船只激烈地颠簸着，随时都有被掀翻的危险。过了30分钟，一切恢复平静。

在海上空气对流过程中，有时产生涡旋，使云层中出现喇叭气旋，有时“喇叭”嘴朝下，变成“大象鼻子”从云中伸出，扎向海面，这就是海龙卷。它是个空心的大旋风，中心气压非常低，一边旋转一边前进，并伴有巨大响声，走到哪里就吸到哪里。不过它吸的不是一般灰尘，而是海水，海水被卷起形成柱状，在升腾过程中水体逐步化成雾气，在阳光照射下，使人们看到了红、黄、紫相间的彩虹。

海龙卷的直径平均不超过1000米，甚至只有25～100米，移动路径一般为直线，移动速度平均50千米/小时，但强度大，维持时间长，在海上往往是以集群出现。

美国墨西哥沿岸，特别是佛罗里达半岛南海面上，是海龙卷出现最多的地方。1968 年 8 月，一周内共出现 27 个漏斗云，某一天竟出现了 7 个。短时间内有许多水龙卷接连显现，同时出现在海面上，极为壮观。

海面上空气高温、高湿，一旦发生凝结现象，大量的潜能就释放出来，变成动能、位能。同时海上云雨云旺盛，云里强对流运动场中易形成涡旋。另外，上升气流和下沉气流二者方向相反却各自速度很快，因而形成强切变。这些条件一旦具备，海龙卷便诞生、成长了。我国南海特别是西沙群岛，在夏秋季经常发生海龙卷。大洋上易发生台风或飓风的海区都容易发生海龙卷。据不完全统计，地球上每年发生的海龙卷近千个。

当出现厄尔尼诺现象时，海龙卷发生的次数就会增多，显而易见，厄尔尼诺现象反映着太平洋东部赤道海区附近及其以南海域的大规模增温现象。1982 年秋到 1983 年初夏的厄尔尼诺现象期间，由于海面温度高出许多，海上的对流大大加强，墨西哥湾的海龙卷出现特别频繁。

海龙卷也有可能登陆并继续干坏事。1983 年 5 月中旬，一群海龙卷把墨西哥湾搅了个水涌天翻。5 月 20 日，这群海龙卷突然离开海洋，挟裹着狂风暴雨，直奔美国南部的得克萨斯州和路易斯安那州。登陆之后依然桀骜不驯，眨眼间大树被连根拔起，房屋被掀翻毁坏，许多人、畜、汽车被风卷走，狠狠地摔到了几百米以外。100 多人死亡，2000 多幢房屋毁于一旦。

一番折腾之后，这群龙卷风又挟风裹雨，从美国南部转到东北，盘桓四五天，席卷了几个州。所挟狂风以摧枯拉朽之势四处肆虐，还下起了滂沱大雨，使河水、湖水暴涨，造成洪水泛滥，数万人无家可归。

有探险家估计，历史上在百慕大海域莫名其妙失踪的船舶、飞机，有十多种失踪原因，其中之一有可能就是海龙卷作祟。

（五）恐怖之角

令人生畏的合恩角位于南美大陆的极南端，曾一度是大西洋和太平洋之间的唯一海洋通道，然而也是南半球的海上气候的中心地带，被称为“恐怖之角”。这里一年中有300天风大浪急，大雾笼罩。大海掀起9米高的浪头是常有的事情。有人曾对合恩角的气候做过这样的描写：“在这个地狱中就连魔鬼也会被冻死。”一位船长在经历了为期80天的航行后，在航海日志中这样写道：“绕行合恩角是对水手们的考验，是乘坐大帆船航行的船员们勇敢精神的体现。”有人估计，在这里沉没的船只大约有800艘，海底堆积着上万名水手的尸骨。人类乘坐帆船绕行合恩角的历史是随着轮船的出现而告结束的，最后一次是在1949年。

由1949年上溯到371年前，就是在1578年，英国航海家弗林西斯·德雷克指挥3艘小帆船，驶过南美洲南端的麦哲伦海峡。在进入太平洋时，他们遭遇了长达两个月的风暴，船只被往南吹送了5个纬度左右，德雷克因此发现了南美最南端一个小岛的南角，他把该角命名为“合恩”，意思就是“角”。

37年后（公元1615年），荷兰人斯豪滕和勒迈乐发现，绕行合恩角是条有利可图的商道。从那以后不断有载货帆船在这条充满惊涛骇浪的航线上行驶。去时为智利和阿根廷运去焦炭、煤和钢铁，回来时船上装的则是硝酸钾和臭气冲天的鸟粪（智利海滨的鸟粪是大受欢迎的肥料）。

合恩角今属智利，地处南纬55°59′，南临德雷克海峡，气候寒冷、多雾，终年盛吹强烈西风。西风常常可以达到暴风的风力。狂风掠过南大西洋的辽阔海面，驰骋数千千米，穿过合恩角和南设得兰群岛之间的狭缝，被安第斯山脉的峭壁挡回。海水受到不停向西刮的疾风的吹动，又因永远是东去的水流而逆转，遂使巨量的海水以相反的方向涌过同一狭缝。随着海床急剧升高，巨浪直冲云霄达到37米的惊人高度。咆哮的巨浪疯狂地冲击海角，加上震耳欲聋的涛声，犹如张牙舞爪、暴跳如雷的恶魔，使接近海角的人们惊恐万状。

因此，合恩角与好望角一样，是南半球海上航行最危险的海域。

（六）“无敌舰队”葬身风暴

“举世无匹的无敌大舰队，勇敢前进，直捣英伦三岛，务擒英国女王伊丽莎白一世，并将她的宝座焚毁！”这是西班牙国王腓力二世派遣特使给麦地纳·西多尼亚公爵送达的诏令。

原来，西班牙为了与英国争夺美洲财富和海上霸权，不惜耗费大量资财，于1588年3月装备成了一支远征英国的庞大的舰队，号称“无敌舰队”。

这支舰队拥有战舰和运输船132艘，船员和水手7000人，步兵23000人。舰队总司令就是大贵族麦地纳·西多尼亚公爵。

西多尼亚公爵奉腓力二世诏令，于1588年5月下旬做好充分准备，率“无敌舰队”从西班牙兼管的葡萄牙特茹河港湾扬帆出征了。

西多尼亚在乘坐的“圣马”号舰上放眼望去，只见132艘舰船出航的里斯本港口旌旗林立，刀光剑影，桅船点点，煞是气派！

5月28日，在茫茫的大海上，这支舰队宛如雄伟的巨龙，冲云涛、击巨浪、乘长风呼啸而进。

不料到6月19日，舰船沿伊比利亚半岛西海岸北上时，突然遇到了狂风恶浪。舰船被大西洋排山倒海般的巨浪阻隔了。西多尼亚只得率先将“圣马丁”号匆忙驶往西班牙西北部海岸的拉科鲁尼亚港湾停泊，尾随的舰船也随之躲进了港湾。但后面的舰船却无法到达港湾，约有一半船只在惊涛骇浪中散失不见了。直到6天后仍有33艘商船、8449人杳无音讯。

海上风暴的无情打击使“无敌舰队”出师未捷先受挫。

这时，西多尼亚建议腓力二世与英国人达成妥协，认为这是最好的办法。西班牙国王却果断地回答他：“在接到这封信时，即使您在拉科鲁尼亚不得不扔下10艘或者12艘船只，您也必须立即出港。”7月22日，“无敌舰队”只得奉命起航，驶离港口。

根据作战计划，舰队要避免在海上与英国战舰遭遇，而直接开往敦刻尔克，与西班牙驻尼德兰[1]总督率领的一支陆军远征队会合，随后护送远征队一起在英国登陆。

当舰队进入英吉利海峡时，西班牙人发现海峡北岸的英国陆地上燃放着无数处烟火信号，而且随着“无敌舰队”的航行顺序点燃，显然是英国人在通报西班牙舰队的行踪的情况。

7月30日清晨，“无敌舰队”到达英国南端的朴次茅斯港外，西多尼亚在派通讯快船对港口进行侦查的同时，召集了军事会议。舰队指挥官唐·阿隆索、唐·彼德罗等力主进攻朴次茅斯，西多尼亚决定情况顺利则攻，不利则航。随后，通讯快船回报：

“总司令阁下，右前方出现敌人舰船！”

“多少？”

“大约140艘。”

西多尼亚获悉后，急步走到船的高处，用望远镜仔细观察，“嗯，数量不少，不过只是小跳蚤，不足为惧。”他一边看，一边说：“传我的命令：改变计划，迎敌战舰。全速逼近敌舰，步兵做好战斗准备！”

“无敌舰队”很快排成几路纵队。一艘大型战舰高高耸立在海面上，首尾相接，扬满风帆列成城墙似的战阵，向英国战舰紧逼。

这一天是8月8日。海上仍刮着强劲的西北风，只见从西北方驶来十余只挂着英国国旗的战舰，越来越近，西多尼亚一声令下，无敌战舰百炮齐鸣，火蛇飞空，转瞬间就把那些挂有英国国旗的战舰击得粉碎。西多尼亚哈哈大笑起来，说：“不堪一击！”他刚刚笑罢，只见西北方又驶来八九艘挂有英国国旗的战舰，便又下令：“狠狠地打！”于是，“无敌舰队”又众炮齐发，如吐出的一条条火龙，把那些挂有英国国旗的船打得七零八碎，船板飞上半空。西多尼亚又哈哈大笑，不禁拿起望远镜来瞧瞧，一看，却不见一个落水的英国士兵，心中有些纳闷。

其实这哪里是什么战舰，不过是英国人故意放出的破旧的空船，以试探“无敌舰队”火炮的射程到底有多远。英国人经过试探已经心中有数，便从东南、西南、西北、东北四个方向，以火炮远射“无敌舰队”，这一炮，那

---

① 尼德兰是西欧的历史地名，位于北海之滨，莱茵河、马斯河与埃斯考河下游，包括今荷兰、比利时、卢森堡和法国东北部的一部分。

一炮，纷纷落到西班牙的舰队中，有的桅杆被炸断，有的船舷被穿透，有的船头着了火，有的船尾被炸散。

西多尼亚一再下令射击，但炮弹打不到英国船只，纷纷落入海中，溅起一丛丛水柱和飞沫。西多尼亚下令分成四组追击，但英舰进退灵便迅捷，边打边退，火力猛而准。英舰仅有少数被击伤，“无敌舰队”却被击破、击沉多艘。

交战到第七天，“无敌舰队”驶进了多佛尔海峡。西多尼亚急切地等待着敦刻尔克方面的援军。但是英国的一支分舰队早就封锁了尼德兰海面，援军根本无法赶来会合。

第八天深夜，海面上刮起了强劲的西北风。“无敌舰队”的士兵经过几天苦战，早已进入梦乡。午夜时分，突然有人推醒了西多尼亚，急切地说：

“报告总司令：海面上出现八条火龙，正向我舰迎面冲来！”

西多尼亚来不及穿衣服就奔到甲板上。只见那八条火龙乘着偏西风飞也似的冲进西班牙战船，顿时熊熊烈火燃烧，到处浓烟滚滚、火光冲天。

“无敌舰队”被击败

这是英国舰队施展的一条火攻妙计。他们从舰队中挑选 8 艘 200 吨以下的小船，改装成火船。船身涂满柏油，船舱里装满油脂、沥青和干草等易燃物，点火后在强劲的西风吹送下，顺潮流飞蹿进西班牙舰队中。“无敌舰队”七八艘大船顿时火焰冲天，无法扑救。其他战舰纷纷仓皇远避，彼此相撞，舰上士兵惨叫声不停。有几艘战舰触到暗礁，还有几艘沉入海底。整个“无敌舰队”阵形大乱。

第九天黎明，英国舰队继续发动攻势，展开猛烈炮击，这一天，“无敌舰队”五艘大型战舰被炮火轰得失去战斗力，4000余名官兵伤亡。

更糟糕的是，此时海面的西北风已转变为西南风了。

西多尼亚公爵眼看大势已去，登陆无望，只得从英国北部逃出英吉利海峡，准备绕过不列颠群岛返回西班牙。

“无敌舰队”的失败大军驶过爱尔兰西海岸，西多尼亚才松了一口气，对侍从说：“此次舰队的失败，原因有两条：一是风向不对，这风总是有利于敌而不利于我们；二是尼德兰的军队延误了战机。但是，只要有我在，我们西班牙早晚要出这口恶气。”正在他说得起劲时，忽然天色大变，天际狂怒的风暴卷着黑云呼啸而来，转瞬间巨浪如山直冲过来，把“无敌舰队”的大船吹得东倒西歪南倾北斜，险恶万分。西多尼亚连连在胸前画十字，祈求上帝保佑。但这一阵排山倒海的风暴，又把“无敌舰队”的船只吹翻不少。

这次远征，“无敌舰队”耗费十余万发炮弹，由于火炮射程短，未击沉一艘英舰，自己却伤亡14000余人，军舰沉毁67艘。沮丧的西多尼亚公爵最后总算带着寥寥无几的残破的战舰灰溜溜地驶回西班牙。

英军在这次海战中只死了百余人，却摧毁了“无敌舰队”。

（七）狂风恶浪的海域

五百多年前，发现美洲新大陆的哥伦布，在驾驶帆船横渡大西洋时，曾吃过北大西洋上狂风恶浪的苦头。在狂风恶浪的打击下，哥伦布乘坐的“宁雅号”帆船一会儿被浪头高高举起，一会儿又被摔到浪谷中去，高大的水墙迅猛地向它压过来，船仿佛掉进了深渊，可是它又奇迹般地被抛举起来，最后幸运地脱离了险境。

不光是北大西洋，北太平洋、北印度洋上也都是很不平静的，都有咆哮的大风和狂涛。中、高纬度的北大西洋和北太平洋的地理条件和其他自然因素都比较复杂。这里存在着比低纬度要强大得多的冷海流和暖海流交接的过渡地带。这个过渡地带内的水温变化最剧烈，其相邻的两边水温的差别也最为显著。在冷流和暖流上面流过的空气，必然会受到水温对它的影响。例如，在冷流上面流过的空气会变冷，在暖流上面流过的空气会变暖。这样，在冷暖流交接的过渡地带，便成为冷暖空气的分界线，称为“锋面”或“锋线”。锋面往往是风暴的发源地。中、高纬度的锋面比低度要强大。所以，中、高纬度的北大西洋和北太平洋出现的狂风恶浪，比低纬度海洋的更频繁且厉害得多。

中、高纬度上空还存在着从高纬度来的东冷风，以及从低纬方面来的西暖风和强大西风。这样就构成了冷暖空气交接的地带，这个地带就是副极地低压带。这个低压带是随着季节的变化而逐渐移动的：夏季往北移，冬季向南移。在冬半年（当年 10 月至次年 3 月）副极地低压带多半处在中、高纬度的北大西洋和北太平洋的冷暖流交汇地带上。这时冷暖流的水温加剧了水面上的冷暖空气之间的温度差异，这就助长或加强了风暴的产生与发展。而在夏半年（4—9 月），副极地低压带便向北移到更高的纬度去了。

构成中、高纬度的北大西洋和北太平洋的狂风恶浪，在冬半年比夏半年强劲而频繁。由于地理上的原因，北大西洋的风浪要比北太平洋大。

在北半球因为陆地比较多，地形也复杂，以致西风常常被强烈的天气变化所干扰，有些季节西风明显，有些季节不明显，有些地区明显，有些地区不明显。而南半球则不同，南半球的副极地低压带的陆地面积只占南半球总面积的 19%，地形简单，受天气变化的干扰小得多，因此这一带的西风常常可达暴风（11 级）的风力。由于这里的风向比较稳定，致使海面上经常会产生强有力的狂浪。据统计，在这个地带，一年中大约 110 天有狂风恶浪，浪头一般为 6 米以上，汹涌咆哮的巨浪，有时竟达 15 米高！即使“风平浪静”的日子，浪高也在 2 米以上。

尤其是在南纬 50° 附近的地带，海洋几乎覆盖着整个地表，这里所出现的强劲西风及其伴生的狂风恶浪就更加厉害了。我国“极地”号南极考察船曾经经过这一带，船上的记者如此描述当时的情形：“船于 1991 年 3 月 6 日航行到南纬 55° 处，遇到每秒 35 米的强风，浪高 20 米，山一样的巨浪呼啸着从船尾滚滚而至，将船尾部盘结的粗缆绳全部打散，冲入海里。后甲板上由铆钉固定的 1 吨重的蒸汽锅被连根拔起，像陀螺一样在甲板上滚来滚去，后甲板的门也被巨浪冲破。”因其强劲，人们常把南半球的盛行西风带称为“咆哮西风带”。正好处于这里的非洲南端的好望角，海面上经常狂风呼啸，浪涛怒吼，被称为“鬼门关”。

（八）孟加拉湾的劫难

孟加拉湾洋面是世界上最适宜热带风暴生成的地区之一，每年生成的热带风暴约占全球的 7%。当孟加拉湾强大气旋由南向北侵袭时，湾顶部的沿海地区及其岛屿往往就厄运难逃了。

2010 年 5 月 20 日，一场极为强大的孟加拉湾风暴向印度东部的安德拉邦逼近，使得当局疏散了居住在沿岸低洼地区数百个小村庄内的至少 3 万名居民。

2005 年 9 月 17 日，海洋风暴突然袭击孟加拉湾，持续时间超过 20 小时。风暴导致印度南部出现暴雨，并在安德拉邦引发洪水，数百个村庄被淹没，近 10 万人流离失所，风暴还刮倒了这个地区数以千计的树木和电线杆，造成 100 多个城镇和 1300 多个乡村停电，公路交通也严重受阻。由孟加拉湾热带低气压所引起的狂风在孟加拉国沿岸掀起的巨浪高达 1.3 米，致使 12000 人逃离家园。风暴造成孟加拉国多达 200 多条渔船、3500 多名渔民失踪，这些渔民 3 天前从孟加拉国南部港口出海打鱼时遭遇风暴。截至 9 月 21 日，风暴带来的洪水侵袭了孟加拉国沿海至少 7 个地区，10 万名沿岸耕种水稻田的农民被迫离家避难。洪水还破坏当地公路网、摧毁大片树林和城乡电力设施。

孟加拉湾像一个巨大的喇叭口，朝向印度洋，当风暴向北移动时，湾顶部的沿岸区的浪潮能量越来越集中，其破坏力不断增大。湾顶部又正位于南亚第一大河恒河和布拉马普特拉河的交汇处，地势低平，极易受风暴潮侵袭。在南亚人口密度最大的城市之一的吉大港，在那长达 500 千米的海岸线上，布满了港口、养殖场等作业区，一旦风暴袭来，极易造成重大伤亡。如果风暴增水与天文潮叠加，则潮位变得更高，极易酿成特大灾难。

1991 年 4 月 29 日夜，位于南亚的孟加拉湾上突然乌云密布，电闪雷鸣，狂风怒号。顷刻间，一股强烈的孟加拉湾风暴，以 66.7 米 / 秒的速度，席卷了孟加拉湾沿海及其所有的岛屿，给孟加拉国大部分地区带来巨大的灾难。这是孟加拉国自 1970 年以来所遭受的最强的一次热带风暴。时逢阴历三月十六日的天文大潮，强风、暴雨、风暴潮一起来到孟加拉湾沿岸，汹涌地挤入恒河河口的喇叭状海岸。

当时热带风暴中心强度约 930 百帕，这股恶魔似的热带风暴引发了孟加拉湾的北部的风暴潮，掀起高达 6 ～ 9 米的狂涛巨浪，以翻江倒海之势、雷霆万钧之力，击碎海上的船只，冲决海岸的防波堤，横扫东南沿海北起北大港，南到科克斯巴扎尔的广大地区以及 65 个海岛，时间长达 9 个小时。风停潮退后，无数泡胀了的人尸、畜尸飘向杂乱无章、破烂不堪的海滩，惨不忍睹。

伴随风暴而来的不仅是风暴潮，还有狂风、暴雨的同时施威，孟加拉国四分之三的铁路、公路、桥梁、机场、码头、发电厂、水厂、输变电站设施均告瘫痪，沿海及岛屿内的 2500 多个村镇、80 多万套房屋被夷为平地，430 万英亩[①] 农作物全部被毁。这场风暴在一夜之间，使孟加拉国 16 个县沦为灾区，受灾人口占全国总人数的十分之一，高达 1000 万人，死亡 13.8 万人，数百万人无家可归。

灾害发生后，孟加拉国政府积极开展了救援工作，同时国际社会也伸出了援助之手。但是当时恶劣的天气条件使救灾工作遇到了极大的困难。由于孟加拉国南部地区风暴过后持续降雨，并刮着 6 ～ 7 级风，吉大港又被沉船堵塞，重要道路也遭到严重破坏，而直升机、快艇等救援运输工具又十分缺少，大量的救援物资积压，无法送达灾民手中。后来，又因大风使飞机难以正常起降，空投与地面救援人员无法接近受灾地区，致使灾情严重恶化。饥饿与瘟疫长时间地威胁着劫后余生的人们。

这并不是历史上最严重的一次热带风暴造成的灾害。近百年来世界上最惨烈的一次热带风暴灾害发生在 1970 年 11 月 13 日，形成于孟加拉湾洋面上的大旋风掀起近 15 米高的狂涛，扑向孟加拉湾沿岸。由于当时也正遇天文大潮，又受到当地喇叭形的海岸线，以及那一带地势低平等条件的综合影响，结果在恒河河口形成的浪高达 8 ～ 10 米。海浪凶猛地涌向陆地，吞没了近 30 万人的生命，使 100 多万人无家可归。

由热带气旋、温带气旋、冷锋的强风作用和气压骤变等强烈的天气系统引起的海面异常升降现象，气象学上称为风暴潮或称暴潮，又称“风暴增水”“风暴海啸”“气象海啸”或“风潮”。不光在孟加拉湾沿岸，在墨西哥湾沿岸，在美国东岸以及澳大利亚东海岸等地，也常有热带低压造成的风暴

① 1 英亩 ≈4046.86 平方米，下同。

潮袭击，此外在欧洲北海沿岸等地，有时会遭遇由温带低气压造成的风暴潮袭击。

世界上绝大多数因强风暴引起的特大海岸灾害都是风暴潮造成的。风暴潮灾害居海洋灾害之首。

（九）寻找风暴的来龙去脉

一百多年前，德国莱比锡大学的教授伯兰德斯，画出了世界上第一张天气图。

伯兰德斯是一位研究气象学的专家。1820 年，他把 1783 年 3 月 6 日欧洲一些测候站测得的气压、风向记录，填在一张空白的欧洲地图上，并把气压相等的地方用线连接起来，用箭头表示风向，这样，世界上最早的一张天气图诞生了。

伯兰德斯通过对这张天气图的分析研究，发现很大范围的气压区是移动性的，空气从高压区流向低压区。气压低的地方正是风暴的中心——英法海峡，而风是从欧洲中部和北部吹向风暴中心的。

1821 年 12 月 24 日，欧洲又发生了大风暴，伯兰德斯很快绘制了 12 月 24 日至 26 日的天气图，并分送有关专家、学者们，引起了这些科学家的注意。不过当时气象记录稀少，无线电通信尚未发明，气象情报不能及时传递，伯兰德斯的天气图无法投入实际应用。

30 年后，1851 年在英国皇家博览会上，英国人格莱舍展示了他用电报收集各地气象资料而绘制的近时天气图，也没有真正引起人们的重视。

又过了两年多，即 1853 年 11 月，克里米亚战争爆发了。当年 6 月，不断强盛的沙俄帝国为了控制整个黑海海峡，伸足巴尔干半岛，出动数十万大军，一举占领了摩尔达维亚和瓦拉几亚。土耳其帝国受到沙俄的严重威胁，便于当年 10 月匆忙对俄宣战。11 月，两国舰队在黑海之上一决雌雄，结果土耳其舰队大败而归。这时英、法两国为保住他们在近东地区的地位，决定结盟对付俄国势力的扩张，遂对俄宣战。战争中心在黑海附近的克里米亚半岛，所以历史上称之为克里米亚战争。

1854 年 11 月 14 日，英法联合舰队封锁了黑海海峡，包围了俄国黑海沿岸最重要的堡垒塞瓦斯托波尔，陆战队准备在巴拉克拉瓦港湾地登陆。可是，这天上午，黑海上突然出现了暴风骤雨。狂风卷起的滔天巨浪把英法联合舰队的舰艇高高举起，向海上的岩石、海里的礁石猛烈地摔去，有的桅杆断折，有的互相乱撞、破损不堪，有的沉没。顷刻之间，英法联军几乎全军覆没。

当时的英国派遣军总司令，事后在给英国国防部长的信中说：“14 日天亮前 1 小时，海面还显得很平静，接着便出现了我从未见过的强烈风暴，伴随着电闪雷鸣、大雨和冰雹。海上的情况更严重……舰队抵抗不住狂风恶浪，大部分船上的水兵连同舰船一起沉没了。”事后统计，风暴使英国舰队 21 艘战舰沉没海底，8 艘被吹断桅杆；法国舰队有 16 艘战舰遇难，连当时法国的最大主力舰“亨利四世”号也在这次大风暴中沉没了。

也许正是这场风暴摧毁英法舰队引起的教训，才真正推动人们绘制天气图去预测风云变幻的。就在“亨利四世”号沉没后的一天，气急败坏的法国皇帝拿破仑三世命令巴黎天文台台长勒威耶立即调查法国舰队遭灾的起因。在皇帝看来，勒威耶既然能够计算出肉眼看不见的星星的位置，那么对于未来的风暴也应该能预测出来。

这位于 1846 年发现海王星的勒威耶，认为要了解舰队遭灾的原因，只有绘测天气图才能弄清楚。于是，他立即向国内外的天文学家、气象学家发信，收集 1854 年 11 月 12 日至 16 日这 5 天的气象资料。

勒威耶连续收到 250 封回信。借用这些资料，以“亨利四世”号沉没的 11 月 14 日为中心，绘制了 11 月 12 日至 16 日这 5 天的天气图。这 5 张逐日天气图上清楚地表明，这次风暴是自西北向东南移动的。经分析查明，这次风暴 11 月 12 日至 13 日还在西班牙和法国西部，14 日就东移到了黑海地区，使法国军舰遭遇损失。

勒威耶一边看着这 5 张逐日天气图，一边想，如果事先有了天气图，及时预告风暴移动情况，损失是可以避免的。接着，勒威耶又很快写出了详细的调查报告。

在这份调查报告的最后一部分，勒威耶提出建议：“应当立即建立全国性的天气观测网。”

1855 年 3 月 19 日，勒威耶在法国科学院作报告。他提出：“若组织观测网，迅速将观测资料集中一地，分析绘制天气图，便可判断出未来风暴的运行路径。”

勒威耶的建议被采纳了。

奉拿破仑三世的命令，勒威耶开始筹办法国气象观测网，又制订了气象观测时间、观测内容、电报传送气象观测资料等具体的统一规定。1856 年，法国建成世界上第一个正规天气服务系统，1860 年创立风暴警报业务。

从此，许多国家也先后建立起气象观测网，绘制天气图成了一项日常业务，天气图预报方法应运而生了。

一百多年来，天气图仍然是各国气象台进行天气预报的主要工具之一。现在不仅有地面天气图，还有高空天气图、辅助天气图，不仅有本国、本区域范围的，而且有全球、半球、洲际范围的，既有实况分析图、预报图，又有历史天气图，等等。一张张天气图，成了各地上空风云变幻的“连环图画”，反映出各种天气系统的移动和变化情况。

（十）气象学家立战功

1944年初，美英盟军为开辟对德作战的第二战场，准备调集300万陆海空军人员，从英国本土出发，横渡英吉利海峡，在德军占领下的法国诺曼底登陆。

这是一次极其冒险的军事行动。因为盟军登陆部队要在夜间抢渡英吉利海峡，渡过那几乎宽达100海里变幻莫测的大海后，那些满载准备攻占滩头阵地的部队的强击艇，连同水陆两栖坦克都得趁着拂晓后40分钟潮水涨到一半时靠岸，风速在地面不大于3级，在海面上不超过4级。借着这样的潮水上滩，随行的战舰和作战飞机就可以有最低限度的必需时间，去摧毁德军海防“厚壁堡垒”。同时，在满潮前的几小时内还得有月光，天空1500米以下的低云不能超过五成，能见度至少为5000米，以便辨明空中目标，进行轰炸和空运。

然而，从过去的气象资料看，诺曼底具有上述天气条件的概率很小。尤其受限制的是月光和潮水。一个月里能满足潮水要求的只有6天，且分散在相间半月的两段时间里；能满足月光要求的仅有3天。可见登陆诺曼底的日期的选择范围是十分有限的。

为选择最有利的作战地点和时间，从1942年起，美英盟军就对海峡及其海岸地区的天气气候情况进行了研究。根据历史气象资料的统计分析，认为同时满足诺曼底登陆行动的几种自然条件，在5～7月都有可能出现，而6月出现的可能性最大。盟军统帅部最后选定的登陆日为6月5日。

登陆日一天天地逼近了。

整装待发的海陆空军队在焦急地等待统帅部的命令。

6月2日，登陆部队全部上船了，一切准备就绪。可是第二天下午，盟军的气象专家斯威格宣布“可能有强大的风力、低厚的云层，并且在诺曼底的滩头还会有雾”。这一情况同样被德军的首席气象专家李陶预测到了，他在报告中说：“今后的气象条件更难于达到登陆的理想要求。”果然在3日的黄昏，风势陡然转猛，天空乌云密布。盟军总司令艾森豪威尔和他的助手们心急如焚，多次听取气象专家的报告，反复进行研究，直到4日凌晨4时15分，才最后决定将登陆日期推迟24小时。

6月4日这天，海面上狂风怒吼，浊浪排空，随着夜色的脚步越来越近，风浪越来越大，又下起倾盆大雨，诺曼底滩头被大雾锁住了。在这紧迫时刻，如果天气再不好转，失掉6月初登陆的有利时机，这次行动至少要推迟半个月或一个月，因为随着月亮而改变的潮汐将迫使登陆时间非改变不可。更为严重的是，几十万军队部署在漫长的海岸线上，很难保证半个月至一个月内不泄密、斗志不涣散。

美英统帅高级指挥官们焦急万分。

在这几乎绝望的时候，艾森豪威尔4日夜间得到了当时欧美最有名的气象学家罗斯贝从美国传来的天气预报：6月5日有一个风暴通过海峡，6日有适宜登陆的天气。当时虽然海峡内依然风急浪高，但是气象学家举出了令人信服的理由，说明第二天风暴将显著减弱，不会妨碍登陆进行。紧接着，艾森豪威尔又从气象联合小组得到了证实，6月6日的天气预报是：上午晴，夜间转阴。这种天气虽不十分理想，但对空运部队降落、空军轰炸以及海军观测都是十分有利的，而且还使登陆的第一个夜间的海滩可能减少敌机的轰炸。在得到这样基本可靠且能满足登陆的最低气象要求的天气预报后，艾森豪威尔于6月4日21时45分正式发出命令：6月6日开始渡海登陆。

6月5日傍晚，英吉利海峡果然出现了气象专家们所预报的好天气，海峡大部分地区风在减小，云层裂开，露出了蓝天。当晚8时，盟军启动攻击。第一艘英国潜舰出现在驻扎在科恩的德军第7军16步兵师所防守的海岸对面，而这时候德军却无一点儿察觉。至午夜，盟军5000艘舰船，7000架飞机，掩护着4000艘登陆艇，从英国南部的朴次茅斯海军基地启航，朝着诺曼底半岛蜂拥而来。

直到这时，驻守在法国的德军仍旧蒙在鼓里。6月5日是德军司令官隆美尔妻子的生日。隆美尔受“今后的气象条件更难于达到登陆的理想要求”的预报影响，估计盟军的进犯不会立刻发生，他向总司令伦斯特请了假，于5日上午从巴黎启程回德国赫林根附近的家中团聚去了。他准

诺曼底登陆鸟瞰图

备6月6日（也就是第二天）向希特勒要求援兵，从登陆的地区抽走了一个师。

6月6日凌晨2时，德军总司令伦斯特得到前线紧急报告："有一股美英空军部队着陆，看来这一次是大规模行动。"

"不，这并不是一次大规模行动，"伦斯特正在睡觉，他醒后漫不经心地回答，"空降伞兵——是美、英惯用的——声东击西的手法。"

"报告，报告，海岸雷达荧光屏上有大量黑点，一支庞大的舰队正向诺曼底开来。"

"什么？什么？"总司令的参谋长不耐烦地问道，"总司令正在睡觉。在这样的天气里会有庞大舰队？一定是你们的技术员弄错了，也许是一群海鸥吧？"

6月6日早晨6时30分，天空炮火与炸弹交响，万道火网的闪射，烧红了辽阔的天幕。美军第四师在强大炮火掩护下，开始在诺曼底滩头阵地登陆。7时20分，由蒙哥马利指挥的英国第二集团军也登陆上岸。英国皇家空军的重型轰炸机将5200吨炸弹倾泻在海防炮位和工事上。盟军登陆部队在那首尾相距110千米长的5个登陆点顺利登陆，没有遭到德军有组织的反击。

直到6日下午，德军才判明这是美英联军大规模的进攻行动，于是派装甲师去支援诺曼底。希特勒发出命令："必须在今天傍晚前，消灭敌军，收复滩头阵地。"

然而，这一切都已晚了。6日下午，大批盟军登陆部队已向海岸纵深推进了2～6英里（约3～9千米），至傍晚已在3处建立了立足点。到深夜，约有10个师的部队已经上岸，坦克、大炮、后续部队源源不断地开来了。

诺曼底登陆是气象保障非常成功的战例。由于气象学家准确地做出关键性的天气预报，美英盟军抓住有利时机，并利用恶劣天气隐蔽了战役行动，麻痹了德军，打得德军措手不及，使登陆战取得了辉煌胜利。

（十一）在空中悬停的飞机和气球炸弹

1944 年太平洋战争即将结束，美国夺回了被日军占领的马里亚纳群岛，利用 B–29 型飞机从提尼安岛上的基地起飞，不断地对日本进行轰炸。可是，有很多次，飞行员发现要完成任务非常困难，因为向西飞行在 9100 米高空附近，经常会碰到莫名其妙的强大西风，尽管飞机马力开到最大，座舱外狂风呼啸，气流急速向后飞驰，但机组人员向地面望下去时，飞机仍悬停在原来的地方，几乎无法靠近目标。

原来，美国飞行员遇到了西风急流。

西风急流是一个风速集中的带状气流。在中纬度（20° ～ 60°）地区大约离地面 5000 ～ 15000 米处，大气基本流向是自西向东沿纬圈方向环绕地球一周的。这个带状风区就是西风带。南、北半球西风带中各暗藏有急流。急流位于对流层顶附近或平流层中，距地面 10000 米高空上，宽度一般为 300 ～ 500 千米，厚度约 3 千米，长度可达 10000 ～ 12000 千米，像一条弯弯曲曲的河流自西向东奔腾不息。那里的风速特别大，可达 30 米 / 秒以上，最强时达到 100 ～ 150 米 / 秒。这种高空西风带中的急流，被人们称为西风急流。

西风急流示意图

从中国上空，经日本到东太平洋，就有一条风速很大的急流。按现在资料可知，这条西风急流的强度，冬半年曾达到 150 ～ 180 米 / 秒，甚至达到

200米/秒。美国轰炸机正是碰上这条急流而被吹得悬停在空中的。

当时，日本人为报复美国，也开始打上了西风急流的主意。因为顺着这个急流可以跨太平洋而直达美国。于是日本制造了许多气球。气球装上炸弹、燃烧弹，还在气球的吊篮里装有控制高度的沙袋。以风速计算，气球升空顺着高空强西风飘向美国，2～3天即可到达并降落地面。1944年8月1日上午，日本四国岛东部海滨的一个秘密基地，几百只乳白色的大气球升空，越洋跨海向东飞去了。至1945年4月，日本共施放气球炸弹9000多个。据美国统计，到达美国的至少有287个。

气球炸弹给美国人惹了不少麻烦，引起许多森林大火。开始时，美国人不知道“火源”从何而来。后来，西海岸警卫队的一艘巡逻艇执勤时，在近海发现了几片有“日本造”字样的乳白色氢气球残片；不久，俄勒冈州的一个小区小学组织学生旅游，发现了挂在树上的气球和悬挂物。好奇的孩子去拉动牵引绳，竟拉响了一颗炸弹。5名学生和一名女教师被炸死。此事发生后，经气象部门和其他部门大量考察研究，才明白1944年下半年以来一系列稀奇古怪的爆炸和火灾的肇事者都是这些可怕的气球。因此，美国人费尽心思搜集情报预防气球炸弹，据说还派了大批妇女去昼夜守护呢。

日本人在使用气球炸弹后就着手收集美国报刊反应。1944年11月4日的《旧金山晚报》发了一则海面发现不明飞行物短讯，俄勒冈师生被炸的消息也见诸报端，此后却再也没有这方面的信息了。由于美国人识破了日本人的诡计，所以，国会批准禁止全国一切新闻媒介刊登播放有关气球炸弹的消息，以使日本人无法了解攻击战果，动摇日本人对气球炸弹的信心。

美国对新闻的封锁达到了目的。1945年春，美国西部的森林区到了火灾危险期，正当美国人日夜担心，无计可施时，日本人的气球炸弹却再无踪影。原来，日本军界因收集不到气球炸弹战果的任何消息，以为自己的计划失败，自动停止了气球炸弹的攻击。

（十二）诸葛亮巧“借”东风

历史上一直流传着三国时期诸葛亮借东风的故事，至今仍脍炙人口。

这故事发生在建安十三年（公元208年）。当时，曹操率兵50万，号称80万，进攻孙权。孙权兵弱，他和曹操的敌人刘备联合，兵力也不过三五万，只得凭借长江天险，踞守在大江南岸。

这年十月，孙权和刘备的联军，在赤壁（在今湖北省）同曹操的先头部队遭遇。曹军多为北方兵士，不习水战，很多人得了疾病，士气很低。两军刚一接触，曹操方面就吃了一个小败仗。曹操被迫退回长江北岸，屯军乌林（今湖北洪湖境内），同联军隔江对峙。为了减轻船舰被风浪颠簸，曹操命令工匠把战船连接起来，在上面铺上木板。这样，船身稳定多了，人可以在上面行走往来，还可以在上面骑马呢。这就是所谓“连环战船”，曹操认为这是个渡江的好办法。

但是，“连环战船”目标大，行动不便。所以，有人提醒曹操防备吴军乘机火攻。曹操却认为:“凡用火攻，必借东风，方今隆冬之际，但有西北风，安有东南风耶？吾居于西北之上，彼兵皆在南带，彼若用火，是烧自己之兵也，吾何惧哉？若是三月阳春之时，吾早已提备矣。”周瑜也看到了这个问题，由于气候条件不利火攻，急得他“口吐鲜血，不省人事”。刘备军师诸葛亮用“天有不测风云”一语点破了周瑜的病因，并密书十六字:“欲破曹公，宜用火攻；万事俱备，只欠东风。”可见，对于火攻的条件，曹、周、诸葛三人都有共同的认识。

诸葛亮由于家住距赤壁不远的南阳（今湖北襄阳附近），对赤壁一带天气气候规律的认识，比曹、周两人更深刻、更具体。秋、冬季盛行西北风是气候现象，在气候背景下偶尔出现东风，这是天气现象。在军事气象上，除了必须考虑气候规律之外，还须考虑天气规律作为补充。当时，诸葛亮根据对天气气候变化的分析，凭着自己的经验，已准确地预报出出现偏东风的时间。但为糊弄周瑜，他却设坛祭神“借东风”。

十一月的一个夜晚，果然刮起了东南风，而且风力很大。周瑜派出部将黄盖，带领一支火攻船队，直驶曹军水寨，假装去投降。船上装满了饱浸油类的芦苇和干柴，外边围着布幔加以伪装，船头上插着旗帜。驶在最前头的是十艘冲锋战船。这十艘船行至江心，黄盖命令各船张起帆来，船队前进得更快，逐渐看得见曹军水寨了。这时候，黄盖命令士兵齐声喊道：“黄盖来降！”曹营中的官兵，听说黄盖来降，都走出来伸着脖子观望。黄盖的船队距离曹操水寨只二里路了。这时黄盖命令“放火！”号令一下，所有的战船一齐放起火来，就像一条火龙，直向曹军水寨冲去。东南风愈刮愈猛，火借风力，风助火威，曹军水寨全部着火。“连环战船”一时又拆不开，火不但没法扑灭，而且越烧越盛，一直烧到江岸上。只见烈焰腾空，火光冲天，江面上和江岸上的曹军营寨，陷入一片火海之中。

诸葛亮借东风

孙、刘联军把曹操的大队人马歼灭了，把曹军所有的战船都烧毁了。在烟火弥漫之中，曹操率领残兵败将，向华容（今湖北省监利县西北）小道撤退。不料，途中又遇上狂风暴雨，道路泥泞难行。曹操只好命令所有老弱残兵，找来树枝杂草，铺在烂泥路上，让骑兵通过。可是那些老弱残兵，被人马挤倒，受到践踏，又死掉了不少。后来，他只得留下一部分军队防守江陵和襄阳，自己率领残部退回北方去了。赤壁之战，东风起了很大作用，唐朝诗人杜牧有两句名诗道：“东风不与周郎便，铜雀春深锁二乔。”意思是多亏老天爷把东风借给了周瑜，使他能方便行事，否则孙策的老婆大乔和周瑜的老婆小乔会被曹操掳到铜雀台去了。京剧《群英会》中，曹操有句唱词：“我只说十一月东风少见。”显然后悔自己对气象判断失误，吃了大亏。

（十三）张帆驶风

很早以来，人类就把风当作能源。

但在今天，当你看到帆船在江河湖海中行驶，可能不会想到，帆的利用是人类把风当作能源的最初方式。帆的发明，使风力代替了部分人力，帮助木船行驶。据记载，远在两千多年前，我国利用风力驱动的帆船已经在水面航行。490多年前，哥伦布正是驾驶了帆船，横渡大西洋，发现了美洲。

我国古代的海船，往来于大洋也是很平常的事。

著名的航海家郑和，曾率领27000多人，乘坐62艘船只，利用风力作为驱动船舶前进的动力，七次下“西洋”，为我国航海史留下了光辉的一页。从运用风帆航海的技术来讲，我国还是世界上使用多桅帆船最早的国家。早在13世纪，我国就有十桅十帆的大帆船，而西方国家直到15世纪末才出现三桅五帆的船。

在我国东部沿海，冬季多吹西北到东北方向的偏北风。出海的船舶，张帆南下，一路顺风，一直可以送到南海，进入印度洋。夏季，风向正好与冬季相反，多吹偏南风。这对于从南海回航的船队来说，又是一个顺风相送，一直送回到目的港。

“北风航海南风回。”南宋时福建泉州太守王十朋的这一诗句，指的正是配合季风航船的规律。自古以来，我国东南沿海远航外洋的船舶，都是北风出海，南风回航。他们船到南海之后，总是催促行商客人赶快结束贸易活动，以免耽搁了夏季南风回航时令。如果错过了这个南风季节，船一般就得停留在南海，一直要等到第二年的夏季才能起程回国。这种情况在当时叫“住番”，有时也叫“压冬”，这一压就是一年啊！所以，一到季风时令，人们都十分注意不要误了出海时间。

有了季风，还离不开驶船的人。会驶帆与不会驶帆的结果，大不一样。古书《太平御览》中有这样一段小故事：古代有个叫赵柄的人，某天来到海边要求搭乘一艘木船过海。当时，这艘船已准备开航了。赵柄的迟到，使开航时间受到了耽搁。所以船上的乘客们都嘀嘀咕咕地在埋怨，而赵柄也自感无趣，一个人闲坐着，同谁也不搭讪。此时风势不顺，浪很大，船行缓慢，船上的人都着急。就在这个时候，只见赵柄嚯地站了起来，取出他带的布幔，“张盖坐其中，长啸呼风，乱流而济”。原来赵柄精于驶风技术，所以他自告奋勇，以布幔当帆，张挂起来，船乘风破浪，像离弦的箭一样驶向前方。全船的人都“神服”他的高超驶风技艺，再也不责怪他迟到了。

风怎样能推动船在水面上前进呢?

如果风从船尾向船首方向吹来，只要在船上挂一张帆，让帆面与风向垂直，风就会推着船移动。

如果风从船的侧面吹来，这叫“横风”。这时帆面倾斜一些，使它与风向不成一个直角。这样，一个方向的风，便会分解成为两个方向的力：一个是使船沿航向前进的“推力”，另一个是使船产生横移的横移力或叫“漂移力”。驶帆技术高超的人，能及时把帆面与风向调成最恰当的角度，配合上舵的作用，使有利因素“推力”变为最大，而不利因素的“漂移力”变为最小。这时船的航速就最快，偏移就最小了。这种横向受风的驶风方法，古代叫作“抢风”。

如果风从船头方向吹来，这叫“顶头风”。这时，船也是可以行驶的。在迎风的航向上，把帆张得与风向成一定角度，抢风行驶一段时间之后，将船转到另一舷侧受风（驶风术语叫“棹穡”或“吊抢”），再抢风行驶大致相同的时间后，又转到原来的舷侧受风并抢风行驶，两侧交替更换，使船作“之”字形曲折前进。

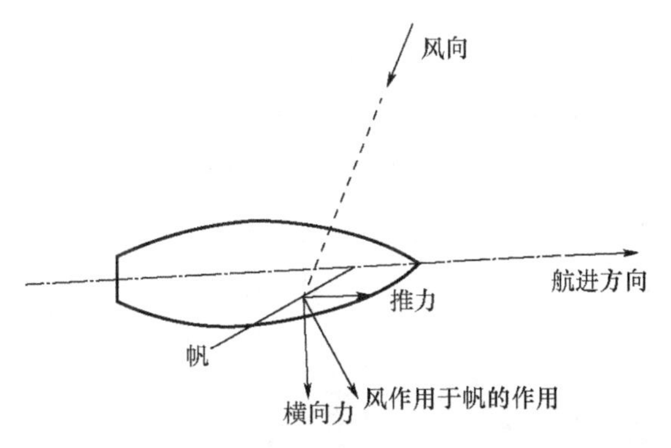

驶帆风力分解示意图

为了便于看风使舵，常在桅顶升起一面带状小旗，称“定风旗”。也有的只在船的上部立一竹竿，上面挂着羽毛或一种很轻的绽纱以指示风向，古代称为“五两”。舵工就是根据“定风旗”或“五两”所指示的风向，来调整帆与舵的角度，使船能以最快的速度前进。

为了更充分地利用风力，提高航行速度，我国古代很早就出现了多桅多帆的船。早在公元3世纪的三国时代，就有七帆船，以后又有了发展，船上的帆常多达十面，而且可以转动，以适应各种风向。宋代，就记载有五十幅帆的船（徐亮《宣和奉使高丽图经》）。船工还发现，帆越高，受风力越大；于是他们在大帆上面再加小帆，称作“野狐飒”（“飒”读“帆”，就是帆）。《天工开物》里说，“凡风篷之力，其末一叶，敌其本三叶”。就是说，一张顶帆的作用要等于下面的三张帆。

我国古代，由于船工的操航驶风技术高，船的结构性能好，航行速度快，安全可靠，所以中国海船很受外国商人和旅客的欢迎。那时，经阿拉伯、印度前来我国的商人，常常把大批货物堆放在岸上，专等中国海船到达后才肯搭乘而去。

直到现在，张帆驶风这一古老的操船技术，在驶帆的航行中仍有着实际的使用价值。

（十四）绿色长城——防护林

虽然现代科学技术还不能控制大风，但是，人们也不是束手无策，任凭它逞凶作恶。人们在大地上修起一道道成行、成带、成网、成片由高大乔木或茂密丛生的灌木所组成的“绿色长城”——防护林，就能够削弱来势凶猛的大风，改善自然环境，促进农牧业生产的发展。

防护林为什么能防风呢？

因为它能消耗大风通过林带的能量。

当风遇到与其相垂直的林带时，由于树木枝叶对风的阻挡作用，迫使一部分气流改变方向，绕林缘吹去，或者使一部分气流抬升而从林带上面爬越过去；另一部分气流则从林带树木枝叶中间穿过，因受到枝叶的摩擦阻力而使风速变小，风力减弱。这样，在林带背风面的地面上以一定高度和距林带一定距离内的风力便大大减弱了。据观测，林带迎风的一面，在距离林高 5 倍的地方，风力开始减弱；背风的一面，在林高 20 倍的范围内，风速降低 25%。

林带有三种，即紧密结构林带、疏透结构林带和通风结构林带。它们的防风效果，各不相同。

紧密结构林带好像一堵墙，风只好从上面绕过，在背风面林缘附近形成静风区。而从上面绕过来的风很快下沉，在离林带不远的地方风速就很快加大。一般在到达林带高度的

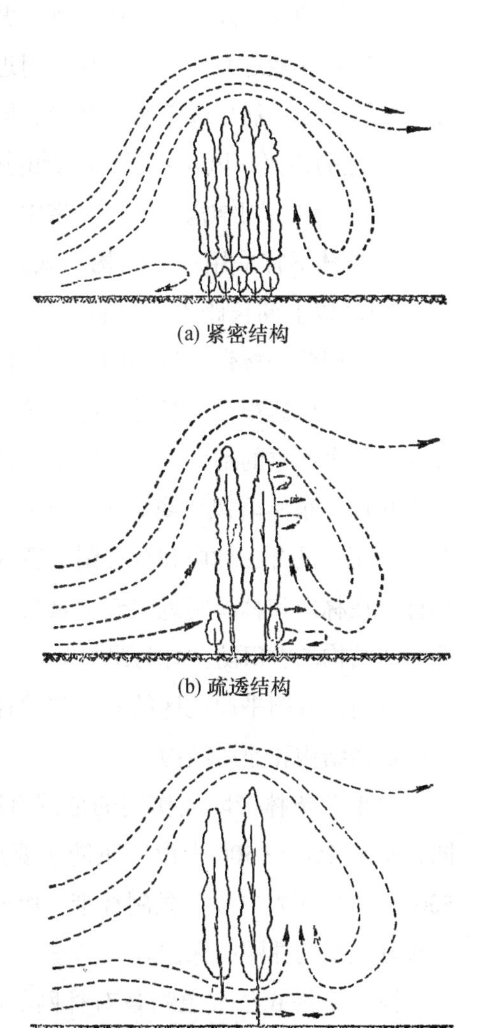

不同结构林带的防风特性

30～40倍的距离处，就恢复到原野的风速了。

疏透结构林带好像筛子，风遇到林带，一部分从孔隙“筛”过去，在背风面林缘附近形成许多小涡旋；另一部分则从林带上面绕过。因此在背风面林缘附近形成一个弱风区，随着远离林带，风速逐渐增加，在到达林带高度的40～50倍距离处恢复到原野的风速。

通风结构林带的上层林冠较紧密，下层树干间形成许多“通风道”。风遇到林带，一部分从林带下层的“通风道”穿过，另一部分从林带上面绕行。由于从下层“通风道”穿过的这一部分风受到挤压而加速，因此带内的风速比原野的风速还要大一些。到了背风面林缘，解除了压挤状态，风开始扩散，风速也随之减弱。但在林缘附近仍与原野风速相近，而在较远的地方才出现弱风区；然后随着远离林带，风速又逐渐增加。一直到达林带高度的50倍以上的距离，风才恢复到原野的风速。

上面三种不同结构的防护林带中，紧密结构林带的防风距离最小，所以农田防护林不宜采用这种结构形式。通风结构林带的防风距离为最远，在18倍树高以上的长距离内，它的防风总效果也是最好的。因此在一般风害地区的农田防护林带，以采用这种结构较好。但由于这种结构林带，林内及林缘附近的风速很大，容易引起土壤风蚀，严重时甚至可以剥出树根。因此在风沙危害严重的地区，则不宜采用这种结构。而疏透结构林带与通风结构林带相比，虽然防风距离较近，但在18倍树高的距离以内，防风总效果仍较大；而且没有在林内和林缘附近造成风蚀的缺点，也不会像紧密结构林带那样，在林内和林缘附近引起大量淤沙。所以在风沙危害严重的地区，以营造疏透结构的农田防护林为最好。

目前，我国平原地区的农田防护林带，大多采用行数较少、防护效果又好的疏透结构和通风结构。

由于单条林带防风作用的范围有限，因而根据受风沙等灾害的程度不同，每隔200～500米设一条防主要风害的主林带，与主林带相垂直每隔500～1000米左右设一条副林带，形成纵横交错的农田林网，使广大农田都能很好地受到林网的保护。

河南省修武县气象站曾对林网的防风作用进行过观测，证明林网可使平均风速和14时平均风速降低40%～50%；风速愈大，林网的作用愈明显。1975年5月28日风速在11米/秒时，林网区的风速降低53.5%。1976年8

月 14 日出现雷雨大风时，在林网高度 5 ～ 25 倍距离的范围内，玉米倒伏很少，平均只有 2%；而没有林网保护的玉米，倒伏率达 7%，比有林网的增多 2.5 倍。

由于林带保护使风速降低了，所以就引起了其他小气候因子的改善。据观测，水面蒸发量较空旷地方减少 20% ～ 30%；空气相对湿度提高 5%～10%，甚至能达20%以上；土壤含水率增加1%～4%，同样也使农作物的蒸腾强度明显减小。在冬季降雪较多的地区，林带还能保护落到农田里的积雪不致被大风吹走，这也使土壤含水量增加。林带对空气温度和土壤湿度也有良好的调节作用。

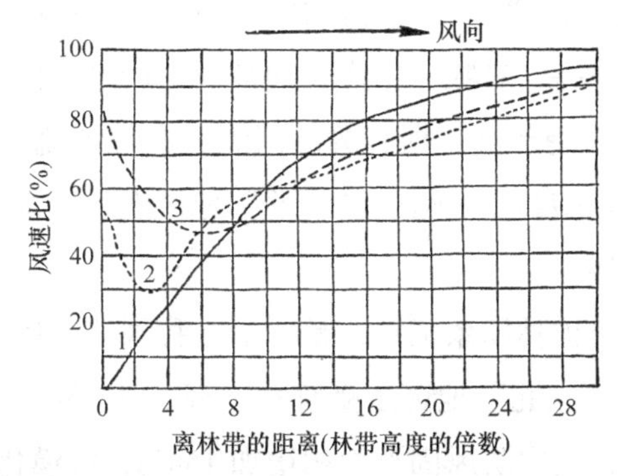

不同结构林带背风侧的风速（以空旷地为 100 米 / 秒）

1. 紧密结构林带；2. 疏透结构林带；3. 通风结构林带

此外，在林带的保护下，农田土壤组成、结构、土壤微生物的活动和施肥的肥效，都会有一定的改善。在灌溉地区，由于林带树木根系的吸水作用，会使地下水位有所降低，因而盐分不易上升，防止或减轻土壤的次土盐碱化。一般有防护林的农田，要比没有防护的多收粮食 20% ～ 30%。

在防护林保护下，风速降低了，风挟带沙尘的力量就大大减弱了，这样一来，草木种子就可逐渐固定，从而萌芽生长起来。当流沙为绿色植被覆盖时，也就不怕雨打风吹，庄稼受流沙的危害便大大减少了。腾格里沙漠南缘的宁夏回族自治区中卫县，过去由于沙漠逐渐扩迁，大片良田沙化。自从沿风沙线营造了长约 60 余千米的防风固沙林带，不仅阻止了沙漠扩迁，保护了 21.4 万公顷（214000 万平方米）农田，还从风沙口中夺回了大片耕地，让沙漠披上了绿装。

1978 年 11 月，我国政府决定，在西北、华北北部和东北西部风沙危害、水土流失严重的地区，建设带、网、片交错的大型防护林体系，即“三北”防护林，被誉为“绿色万里长城”。其建设范围东起黑龙江省宾县，西至新疆维吾尔自治区的乌孜别里山口，北抵北部边境，南沿海河、永定河、汾河、渭河、洮河下游、喀喇昆仑山，东西长4480千米，南北宽560～1460千米。包括陕西、甘肃、宁夏、新疆、青海、山西、河北、北京、天津、内蒙古、辽宁、吉林、黑龙江13个省（自治区、直辖市）的559个市（县、旗、区）。土地总面积406.9万平方千米，占到整个国土陆地面积的42.4%。按照总体规划，这项工程到2050年结束，共需造林5.35亿亩。

“三北”是我国森林分布最少的地区，森林覆盖率只有4%。森林植被少，生态失去平衡。在“三北”防护林体系内有1亿多亩农田、几亿亩牧场，受到风沙严重危害，农牧业生产长期徘徊，产量低而不稳，黄河中游的黄土高原水土流失日趋严重，据有关部门测定，每年流入黄河的16亿吨泥沙，有70%～80%来自这一地区。“三北”地区燃料、饲料、肥料和木料都紧缺，群众生活困难。

兴建“三北”防护林体系工程，是为了在我国北方逐步形成一个绿色综合防护林体系，使“三北”地区永受裨益。经过40多年的奋战，在保护好现有森林的基础上，我国防风固沙面积增加154%，沙漠化扩展速度由20世纪80年代的每年2100平方千米，直降到每年1700平方千米。“三北”万里风沙线上和黄土高原水土流失地区，已有1亿多亩农田和牧场得到林网保护，三分之一以上的县农业生态开始向良性循环转化。

这座“绿色万里长城”——“三北”防护林，是我国人民用双手建造的一座世界上最大的生物工程。它的全部建成会构成我国北部庞大的生物屏障，为世世代代子孙造福。

四

有关风的谚语

空气在水平方向流动的现象称为风。在地球表面，各地获得的太阳光热不同，地面放出的热量也不同，使得空气增热的程度具有显著的差别，由于地面上气温分布不均匀，引起气压分布也不均匀，有的地方气压高，有的地方气压低，空气就从气压高的地方流向气压低的地方。只要气压差异存在，空气就会不停地流动，就会有风。

风，既有方向，也有速率。通常用风向和风速（或风级）表示。风的来向叫风向。例如，北风就是指从北方吹来的风，而不是指吹向北方的风。风的前进速度就是风速。相邻两地间的气压差越大，空气流动越快，风速越大，风的力量自然也就大。所以通常都是以风力来表示风的大小。

风会促使不同性质的空气发生交换，与天气的关系极为密切，这方面的谚语很多。这里共搜集有关风的谚语约 2000 条。根据这些风谚的不同情况，分为 12 类[①]。

1. 白天夜里的风

鸡叫刮（起）风，刮到掌灯（辽、吉）[②]

天晓吹风天明住，天明不住吹倒树（陕）

开门风，关（闭）门雨（京、冀、晋、内蒙古、辽、黑、沪、苏、皖、赣、鲁、湘、桂、川、云、陕）

开门风，刮得凶（冀、辽）

开门风，关门雨；关门风，半夜雨（冀、辽、鲁）

开门风，关门住，关门不住刮三天（晋）

开门风，关门住，关门不住刮倒树（苏、豫、川）

开门起风关门住，关门不住刮倒树（吉）

开门风，闭门住，闭门不住刮倒树（藏）

开门起，闭门站，闭门不站三天半（宁）

开门的风，关门的雪（鄂）

早晨起风下午息，下午起风七日息，晚上起风当日息（鄂）

---

① 本章主要收集于 1991 年。

② 括号中为谚语所属地名简称或地区名，余同。

早晨起风了黑歇，黑了起风半夜歇，半夜起风得一七（鄂）

早晨刮风天要变，晚上刮风地晒干（贵）

早晨起风，刮到掌灯（鲁）

早晨有大风，当日不会停（新）

早晨起风晚上住，晚上起风刮倒树（黑）

晨风小，向不定，闷热必有大雨临（黑）

晨时东风当日雨（鲁）

晨时风，晚时雨（湘）

早风雨，夜（晚）风晴（川、贵）

早来风，晚来雨（云）

起早风，落夜雨（贵）

早风夜雨，夜风天晴（赣）

早风连夜雨，晚风大天晴（湘、桂、贵）

早发大风夜落雨，夜发大风天大晴（湘）

早吹凉风必有雨，晚吹凉风必是晴（川）

早吹凉风雨，晚吹凉风晴（湘）

早风连夜雨（鲁）

早风晏雨（川）

风早起晚和，须防明早再多（浙）

早上无风热又闷，午后过雨下得稳（宁）

早起风一天，晚起风三天（陕）

早刮三，夜刮四，不晌不夜刮一阵（黑）

早吹一，晚吹七，半夜吹、两三日[①]（粤）

早吹一，夜吹七，黄昏起风半夜息（苏）

早刮一，晚刮三，不晌不夜刮半天（吉）

早刮东风不雨，晚刮东风不晴（桂）

早刮东风不下雨，晚刮东风无晴天（甘）

早刮东风有晚（夜）雨，晚刮东风一场空（湘、粤）

早上起东风，太阳红通通（甘）

---

① 一、七、两三日，均指天数。

早刮东风晚有雨（湘）

早起刮了偏东风，必有雨水来跟踪（陕）

早东风，燥松松；暮东风，雨祖宗（陕）

早东风，晚西风，晒得热烘烘（陕）

早东风，晚西风，夜上南风（冀）

早东夜西风，日日好天公（冀）

早东晚西风，次日太阳红又红（晋）

早东南，晚西南，要下雨，难上难（陕、青）

早怕东南，晚怕西北（冀）

早晚南风午北风，要等下雨一场空（陕）

早南风，晚北风，明早有霜冻（冀、晋）

早南晚北夜东风，河底好晒谷（浙）

早南夜北，要雨难得（赣）

早南晚北，明晨冷得（湘）

早怕南风长，晚怕北风吹（鲁）

早西晚东，日红夜雨（浙）

早西晚东天气好；早东晚西，明天有风暴（浙）

早西晚东风，晒死河底老虾公（浙）

早西晚东，晒死猫公（湘）

早西晚东，天旱的祖宗（鄂）

早西晚东，必有久晴（湘）

早西晚东风，晒煞（死）老长工（浙、皖、湘）

早西晚东风，晒煞老渔翁（湘）

早西晚东风，晒得海底空（冀、浙）

早西夜东风，日日好天空（吉、沪）

早西夜东风，日日好天公（辽、浙、赣、湘）

早西夜东风，晒死老虾公（沪、苏、浙）

早西晚东风，晒得背臂痛（皖）

早西晚东，没水洗（浇）葱（浙、青）

早西晚东，晒死猫太公；早东晚西，必有消息（湘）

早西晚东，河水不通（鄂）

早西风，晚东风，晒死虾公（粤）

早西北，晚上念[1]，晚上不念刮三天（冀）

早上北风晚上歇，晚上北风要长些（云）

早晚起风天将变（湘）

朝风一夜雨（沪、苏）

朝刮三日，晚刮对时（湘）

朝刮三，夜刮四，不晌不夜刮一时（辽）

朝发一，晚发七，半夜发风十二日（桂）

朝发一，夜发七，半夜翻风十二日（桂）

朝发一，晚发七，半夜起风不过日（粤）

朝发三，晚起七，中午起，不过日（粤）

朝返三，夜返七，中午返风唔过日，半夜返风[2]冷拆骨（粤）

朝发七，午发十二日，半夜翻风不过日（粤）

朝起风，不过日，半夜起风过一七（粤）

朝刮东风连夜雨，晚刮东风火烧天（湘）

朝发东风水涟涟，晚发东风绝水源（粤）

朝刮东南阴，夜刮东南晴（鲁）

朝东晚西，燥河干溪（粤）

朝东夜西好晴天（辽）

朝西夜东风，土干田难种（苏）

朝西夜东风，日日好天气（沪、皖）

朝西暮东风，正是旱天公（苏、赣、粤、川、陕）

朝北晚南晏昼西，好天勿疑（粤）

朝北晚南，旱干河潭（粤）

朝北晚南半夜西，无雨旱干长流溪（粤）

朝北夜南五更东，要想落雨一场空（粤）

朝北晚南大晴天（粤）

朝北暮南子夜冻（粤）

---

① 念：停的意思。

② 返风，指转北风。

朝北晚南有霜冻（粤）

朝北晏东南，晚稻好晒田（湘、粤）

日出东风起，明日好天气（鲁）

日出有风刮一天（宁）

今日东风明日雨（桂）

今日起风明日住，明天不住刮倒树（吉）

白天风静，夜里风毒（辽）

白天起风夜里停（静），夜里起风吹得凶（豫）

白天晚上晴无风，小春一定遭霜冻（云）

白天东南风，夜晚湿衣裳（皖）

白天东风急，夜晚湿布衣（湘）

日里风，傍晚停（吉）

日吹四面风，雨不过三天（宁）

日转北风连夜雨，夜转北风会无雨（湘）

昼息不如夜静（晋、辽、苏、皖、赣、湘、桂、贵）

昼风大，夜风小，天转晴（桂）

昼风小，夜风大，天要变（桂）

昼西风，夜东风，日日好天空（吉）

昼西夜东，晒死虾公（浙、桂）

上吹一，下吹七（粤）

上透一，下透七，半夜透风二三日（粤）

上午东风砍担柴，下午东风穿套鞋（赣）

上午东风，下午没风，日后大风（新）

上午刮南风，晚上刮北风，明早不打霜，一定会很冷（陕）

巳时东风当日雨，当日无雨，几时无雨（鲁）

上昼西南没小苗，下昼西南没小桥（浙）

上北下东，无雨也有风（粤）

中午风向四周刮，天久不雨现干旱（藏）

人怕老来穷，谷怕午时风（贵）

有风无风，等到当中（冀）

风过午，猛如虎（冀）

风过午，连夜吼（陕）
晌午不止风，刮到点上灯（陕）
下午无风有雨下（闽）
下午风，日落停，次日无风（藏）
傍晚河水发吼叫，天将转晴无雨兆（藏）
傍晚吹凉风，夜间一定晴（贵）
傍晚起东风，明日好天空（湘）
傍晚向了南，夜晚好放船（鲁）
傍晚吹西风，晚上有霜临（湘）
傍晚西北风，明天天必晴（晋）
日落风不停，来日风必凶（豫）
日落晚风起，风住雨凄凄（冀、辽、吉）
日落黑风起，风停便有雨（甘）
日落风不住，刮倒大杨树（辽）
日落风不煞，必定要大刮（津）
日落三阵风，次日起东风（晋、云）
日落东风起，明日好天空（鲁）
日落南风煞，马上北风刮（辽）
日落南风煞，北风必吹定（辽）
日落南风不易煞（苏）
日落西风止，不止风就大（晋）
日落西风住，不住刮倒树（冀、晋）
日落一竿西北起，明日好天气（鲁）
日落北风止（死）（黑、鲁）
日落北风掀，明天好晴天（鲁）
日落北风硬，半夜天转晴（鲁）
日落北风煞，不煞风就大（苏）
关门风，开门雨（湘）
关门风，开门住，开门不住刮倒树（鲁、豫）
关门风，开门住，开门不住，三天三宿（鲁）
关门风，开门住，开门不住过晌午（晋、苏、皖、赣、湘、桂、新）

点灯风来刹，明天还要刮（鲁）
晚间起风天有变（粤）
晚间起风，明日红通通（鲁）
日晚风和，明早更多（晋）
晚风和，明朝再多（苏、浙）
晚上起风早上息（甘）
晚上起风，白天风大（黑）
风杠门，大天晴（苏、川）
晚起大风早不息，太阳落后必定绝（息）（苏、川、青）
晚上起风晚上住，晚上不住吹倒树（鄂）
晚上起风天亮住，天亮不住刮倒树（吉）
晚上起风天明住，天明不住刮倒树（陕）
今晚起风明天住，明天不住刮倒树（黑）
天晚风起天明住，天明不住吹倒树（内蒙古）
天晚起风天明住，天明不住吹一昼（陕）
晚上起东风，早上红通通（赣）
晚间起东风，明朝太阳红通通（苏、川）
夜晚东风掀，明日好晴天（辽、吉、皖、赣、湘）
夜晚起东风，明日好天气（冀）
夜晚东风起，明日好天气（津、鲁）
夜晚东风显，明日是好天（冀）
夜来东风掀，明日好晴天（京、冀）
晚上西风是晴天（川）
前夜风大，后夜风停（湘）
夜起风，五更住（辽）
夜里起风夜里住，午夜起风刮倒树（川）
夜里转风冷一七，白天转风冷一日（赣）
夜里起风夜里住，夜里不住刮倒树（鲁、粤）
夜里起风夜里住，五更起风刮倒树（苏、皖）
夜里起风夜里住，半夜起风刮倒树（吉）
夜静明日晴（湘）

夜夜刮大风，想雨不相逢[1]（冀）

夜里风不停，必定有雨淋（皖）

夜风特大，天气变化（浙）

夜北日南，旱裂石岩（粤）

半夜起风明天住，天明不住刮倒树（陕）

半夜风急，雨水立即（湘）

半夜有风，刮到天明（内蒙古）

半夜三更东风急，来日不问是雨日（晋）

半夜东风起，明日好天气（冀）

半夜五更西，明朝拔树枝（苏、浙、赣、川）

半夜五更西，明朝（天）拔树皮（根）（湘、桂）

半夜五更转西北，明天定有大雨得（湘）

五更起风，白天更凶（湘）

更里起风更里住，更里不住吹（刮）倒树（苏、川）

更里起风更里住，五更起风刮倒树（鲁）

风刮对时（鲁、新）

2. 不同月份的风

正月北风寒，二月北风旱，三四北风水满滩，五六北风有祸殃，七八北风寒带雨，九十北风忙收藏，十一十二北风是严寒（湘）

正月北风寒，二月北风旱，三月北风水搬塍，五六北风起大祸，七八北风天下雨，十月北风晴，十一北风带雨仔（粤）

一到二月里北风连刮三到七天，则夏季雨水多（藏）

正月显北冷水长（粤）

正月南风二月雪，三月南风暖（粤）

正月南风二月雪，二月南风稳贴贴（赣）

正月多南风，二月冷到穷（粤）

正月起风，七月涨水（贵）

---

① 指有旱象出现。

正月半夜风，上半年大风鸣（苏）
正月吹的是干风，七八月吹的是潮风（川）
正月红风[1]多，夏季雨水多（藏）
正月风不大，夏雨平常年（藏）
正月刮狂风，春旱多，夏雨多（藏）
正二月，风乱刮，有雨也不下（川）
二八东风是旱天，三四东风水满田（黑）
二月东风大旱天，三月东风水浸田（粤）
二四南风当日雨（皖）
二月南风晴，八月南风雨（桂）
二月南风涨，深夜听雨响（湘）
二八南风不过夜（湘）
二八南风大旱天，三七东风水浸田（粤）
二八西风不过三，三七西南大晴天（粤）
二八西南不旱天，三七东南水浸田（粤）
二月北风开，八月北风晴，三七东风水浸田（桂）
二月北风雨，八月北风晴（桂）
二三四月狂风大，干旱来临伤庄稼（藏）
三月东风旱（粤）
三月东风晒死草，四月东风吹船跑（苏）
三月东风晒死草，四月东风刮裤走（粤）
三月东风晒死草，六月东风放船走（粤）
三月南风紧过索，风停雨就落（粤）
三月南风下大雨（吉）
三月南风起，田禾大丰收（粤）
三四南风在乡，五六南风在洋（粤）
三月南风下大雨，四月南风晒河底（云、冀）
三月南风不过夜，四月南风路开坼[2]（湘）

---

① 红风，即夹带沙尘的大风。
② 坼：裂开的意思。

三月南风及时雨，四月南风有雨下（湘）

三月南风不过三，四月南风干河川（鲁）

三月南风不过三，四月南风不过天（豫）

三月南风不过三，四月南风有几天，五月南风河水涨，六月南风井底枯（沪、赣）

三月南风不过三，四月南风只一天，五月南风涨大水，六月南风干死鬼（鄂）

三月南风不过三，四月南风只一天，五月南风当日雨，六月南风遍地干（冀、鲁）

三月西南风，秋雨落绵绵（赣）

三月北风是雨媒，四月北风送雨回，五月北风高吊船（桂）

三月北风雨面广，五月北风水流秧（桂）

三月北风燥烘烘，四月北风大水冲（桂）

三月北风燥松松，四月北风水打杈（粤）

三月北风旱，四月北风雨（粤）

三月北风是雨媒，四月北风送雨回（粤）

三四月刮北风，易出现霜冻（藏）

三月天气恶劣风沙多，四五月干旱无疑问（藏）

三月四月狂风大，夏缺雨水多干旱（藏）

四月头，东风晴；四月尾，东风雨；四月过后，一斗（场）东风三斗（场）雨（粤、桂）

四月南风引小春[1]（苏）

四月南风只一天（湘）

四月南风不过天（豫）

四月里南风干河川（鲁）

四月南风扫，禾苗成枯草（鄂）

四月南风不过三（豫）

四五南风吹，春旱将来临（藏）

四到七月西风雨（赣）

① 小春，意为暖洋洋、少雨的天气。

四月吹北风，十口鱼塘九口空（皖、粤）
四月北风开，五月北风水浸禾胎（粤）
四月忽吹西北风，十个鱼塘九个空（粤）
四月风大（新）
四九转风头[①]（湘）
四月不要风，五月不要雨，六月下雨多，米棒如牛角（陕）
四月的春风，六月的雨（鲁）
五月东风祸，七八东风好驶舵（粤）
五月东风祸，六月东风毒过蛇（粤）
五月东风暴雨繁，大水浸花园（粤）
五月东风刮干海（鲁）
五月东风不雨（皖、湘）
五月东风不下雨（晋、皖）
五月东风刮干海，六月东风雨上来（鲁）
五月东风暴雨繁，大水没菜园（粤）
五月南风起，晒衣好天气（浙）
五月南风起，割麦好时机（浙）
五月南风水连天（豫）
五月南风发大水（晋）
五月南风涨大水，六月南风断水流（闽）
五月南风涨大水，六月南风河水干（皖）
五月南风涨大水，六月南风井底干（鲁、湘）
五月南风涨大水，六月南风飘飘晴（赣）
五月南风遭大水，六月南风塘塘干（苏、皖）
五月南风涨大水，六月南风干到底（贵）
五月南风涨大水，六月南风井也枯（皖）
五月南风发大水，六月南风井底（也）干（皖、鄂）
五月南风落大雨，六月南风井底干（川）
五月南风发大水，六月南风干河底（鄂）

---

① 四月风向北转南，九月风向南转北。

五月南风下大雨，六月南风海也干（皖）
五月南风下大雨，六月南风海也干，八月南风莲花水（鄂）
五月南风作大雨，六月南风海会干（湘）
五月南风下大雨，六月南风海也枯（吉）
五月南风当时雨，六月南风遍地干（豫）
五月南风发大水，六月南风海也枯（晋）
五月南风遭大水，六月南风海也枯（晋、浙、湘、粤、桂）
五月南风悄悄晴，只怕南风起响声（浙）
五月南风下大雨，五月北风大天晴（贵）
五月南风下大雨，六月南风飘飘晴（赣、粤）
五月南风发大水，六月南风干死鬼（鄂）
五月南风赶水龙，六月南风星夜干（粤）
五月南风发大水，六月南风田开裂（赣）
五月南风涨大水，六月南风田开拆（湘）
五月南风涨大水，六月南风火烧天（湘）
五月南风涨大水，六月南风井也干（湘）
五月南风起，倾盆大雨至（赣）
五月南风干河底，十月北风涨大水（云）
五月西风大水啸，六月西风石板翘，七月西风贵如金（浙）
五月西风大水浇，六月西风石板翘（浙）
五月北风，水浸鸡笼（粤）
五六北风雨倾盆，腊月北风小雨淋（桂）
五六月吹北风要下雨，吹南风要转晴（浙、川）
六月东风不雨（鄂）
六月东风当时雨（苏）
六月一斗东风三斗雨（闽）
六月东风大水浪（闽）
六月东风祸，七月东风下秋霖（粤）
六月起东风，十冲干九冲（鄂）
六月东风不过午，过午必台风（粤）
六月南风井底干（鲁）

六月南风海也干（赣）

六月南风星夜干（赣）

六月南风刮得恶，转了北风有雨落（浙、湘）

六月南风起，晒衣好天气（浙）

六月起南风，淹死老鸡公（浙）

六月南风遭大水，七月南风海也枯（湘）

六七南风常赤北[1]（粤）

六月西南天浩浩（苏）

六月西风旱（粤）

六月西风暂时雨（川、甘）

六月起西风，淹死老鸡公（鄂）

六月起西风，阴沟里淹死鸡公（鄂）

六月西，水满溪（皖）

六月西，雨（水）凄凄（吉、赣、鲁、鄂、粤）

六月起西风，稻管易生虫（浙、粤）

六月西，水凄凄；六月北，雨绵绵（晋）

六月西风怕过午，西风过午如猛虎（湘）

六月北风当时（日）雨（津、晋、浙、皖、赣、鲁、鄂、桂、陕）

六月北风当日雨，伏里北风当日湾（鲁）

六月北风贵如金，当日风到当日明（鄂）

六月北风不雨，六月南风不晴（京、冀）

六月北风起，必有连阴雨（吉）

六月北风，有雨转身（湘）

六月北风交现雨（赣、鄂）

六月北风当时湾（鲁）

六月北风贵如金，一天北风十天阴（鄂）

六月北风当时（日）雨，好似亲娘看闺女（苏、鲁、粤、川）

六月翻北风，水浸东岳宫（粤）

六月北风为雨骨（粤）

---

① “赤北”，指有台风。

五月无闲人，六月无闲北（粤）
六月无闲北，食得唔做得（粤）
六月无善北（闽）
六月无闲北，七月无闲人（粤）
六月无闲北，七月无闲西（粤）
六月无善北，七月无善西（粤）
六月吹北风，七月水过洞（粤）
六月无善北，一斗风三斗雨（闽）
六月发北风，坐在楼上钓虾公（赣）
六月北风及时雨（湘）
六月北风雨回头（湘）
六月北风转，阴雨细绵绵（赣、湘）
六七月里吹北风，一两天内刮台风（浙）
六月北风雨绵绵，入伏北风当天变（赣）
六月北风雨绵绵，八月北风当天坏（湘）
六月风潮宝，作物象粪浇（苏）
七月东风旱如沙（粤）
七月东风干如沙，夏至东风恶过蛇（粤）
七月初至八月初南风强，是冬季雪灾之兆（藏）
七八西南是晴天（桂）
七八月，西南晴（粤）
七月西风贵如油，秋后南风是雨窝（苏）
七月西风贵如金（浙）
七月西风大水满（闽）
七月西风转，八月仍旧寒（浙）
七月西风入夜雨，八月西风不过三（粤）
七月西风吹过午，大水浸灶肚（粤）
七月西风雨（湘）
七月西风祸，八月毒过蛇（粤）
七月西风贵如金（浙）
七月西，雨凄凄（湘）

七月吹西风，饿死大猫公（粤）
七月西北风，天气要转坏（苏）
七月北，干死蒡（赣）
七月北，干死贼；六月北，真难得（赣）
七月北风及时雨（湘）
七月北风及时雨，六月北风回头雨（湘）
七月北风雨，八月北风凉（冀、鲁）
七月秋风渐渐凉，一朝一夕加衣裳（川）
七月秋风起，八月秋风渐渐凉，九月秋风收流郎（川）
七月秋风阵阵起，八月秋风阵阵凉（粤）
七月秋风雨，八月秋风凉（京、晋、皖、赣、鲁、鄂、湘）
七月秋风雨，八月秋风凉，九月秋风收流郎（赣）
七月秋风热，八月秋风凉，九月秋风加衣裳（粤）
八月南风两天半，九月南风当日变（豫）
八月南风两天半，九月南风当天转（晋）
八月南风二日半，九月南风当日转（辽、沪、皖、湘、川）
八月南风二日半，九月南风当夜雨（苏）
八月南风两日半，九月南风当夜转，十月南风随身雨（苏、豫）
八月南风二日半，九月南风当日雨，十月南风干到底（苏）
八月西风祸（粤）
八月旋风多，旋风出旱天（豫）
九月东风一天半，十月东风等不暗（晋、内蒙古）
九月东南两日半，十月东南连夜来[1]（苏）
九月南风当夜雨（沪、苏、川）
九月南风二天半，十月南风当天转（冀）
九月南风不过天（豫）
九月南风当日雨（粤）
九月南风当日雨，十月南风干到底（吉、粤）
九月南风光麻坼，十月南风毒如药（浙）

① 意思是吹了东南风要下雨。

十月东风汗流流，难到五更头（浙）
十月南风当日雨，九月南风两日半（苏）
十月南风当日转，九月南风二日半（浙、赣）
十月南风当日晴，九月南风二天半（浙）
十月南风如灵药，早上起风晚上落（湘）
十月南风起，提防雨打壁（晋）
十月南风当夜雪（赣）
十月南风多，明年水满河（粤）
十月东北风，稻场好晒谷（浙）
十月东北赛西风（苏）
十至十二月风沙大，北风多，来年冬季雪多（藏）
十月天始北风寒，明年雨多五谷丰（藏）
十月多大风，来年三四月下大雪（藏）
十月风沙大，来年雨水佳（藏）
十一月到十二月刮狂风，来年五六月雨水多（藏）
十一月云少刮大风，来年将有干旱临（藏）
十一月风云斗，来年五六月雨水多（藏）
腊月东风雪满天（鄂）
腊月南风半夜雪，五月北风雨倾盆（吉、湘、桂、甘）
腊月南风正月雪，正月南风落不歇（赣）
十二月南风转风，无雨也会阴（湘）
十二月南风是暴娘（浙）
十二月南风大毒蛇（浙）
十二月南风抵毒药（浙）
十二月南风吹，一定雨相陪（湘）
十二月南风现时报（皖）
十二月南风现报（晋、闽）
十二月南风当夜雨（赣）
十二月南风要下雨，三月南风下大雨（晋）
十二月南风下大雨，三月南风下大雨（辽）
十二月南风吹得早，明年春阴冷，雨天就多；南风吹得晚，明年春阴

冷，雨天就少（粤）

十二月南风正月雪，正月南风二月雪，几天南风几天雪（浙）

十二月南风正月雪，正月南风落不歇（赣）

十二月北风吹，明年四五月大干旱（藏）

十二月风大，来年秋季雨水大（藏）

3. 春天的风

春东风，雨祖宗（冀、晋、辽、苏、皖、赣、鄂、湘、桂）

春东风，雨跟踪（赣）

春东风，雨太（家）公（苏、浙、闽、湘、川）

春东风，雨通通（桂）

春东风，雨咚咚（苏）

春东风，备蓑衣（湘）

春东风，备雨具（湘）

春东风，雨潺潺（粤）

春东风，雨纷纷（粤）

春东风，解冰冻（皖）

春发东风连夜雨（辽、苏、皖、鲁、川）

春刮东风雨（湘）

春发东风，雨水成串（赣）

春发东风雨涟涟（闽）

春起东风有雨下（晋）

春季东风起，立刻就下雨（赣）

春天起东风，雨声嗡隆隆（闽）

春天起东风，何必问天公（浙）

春动己卯风，秧田寒潮凶（湘）

春动己卯风，十粒秧谷九粒空（湘）

春前东风多，春后北风多（晋、云）

春季大风一百天后有雨（黑）

春刮东风大丰收（甘）

春季东风急，出门戴斗笠（皖、鄂）

春刮东，夏刮北，秋天西南不到黑（晋、吉）

春东风，雨太公；夏东风，干（燥）松松（晋、湘）

春东风，雨祖宗；夏东风，井底空（鲁）

春东风，雨蒙蒙；夏东风，雨浸垌（桂）

春发东风满咚咚，夏发东风一场空（赣）

春东风，雨绵绵；夏东风，断水源（皖）

春吹东风雨连绵，夏吹东风断水源（湘）

春东风，雨咚咚；夏东风，雨底空（辽）

春东风，雨隆隆；夏东风，日头红（粤）

春吹东风是晴天，夏吹东风水涟涟（粤）

春夏打东风，甘雨不落空（粤）

春发东风多雨，夏发东风多晴（川）

春东风，雨绵绵；夏东风，干断泉（皖）

春东风，雨祖宗；夏东风，雨崩崩（湘）

春天东风雨涟涟，夏天东风晴半年（赣）

春季东风雨淋淋，夏季东风干禾田（赣）

春东风，雨嘡嘡；夏东风，两头空（闽）

春东风，雨祖宗；夏东风，日头热烘烘；秋东风，晒死河底老虾公；冬东风，雪花白蓬蓬（苏）

春季东风雨，夏季东风热，秋季东风毒，冬季东风雪（鄂）

春打东风是好天，夏打东风雨涟涟，秋打东风冷死禾，冬打东风雪满天（粤）

春东东风水涟涟，夏发东风绝水源，秋发东风田结耳，冬发东风雪满天（粤）

春发东风雨淋淋，夏发东风火烧云，秋发东风禾生耳，冬发东风雪漫天（皖）

春看东风雨连天，夏看东风观天河，秋看东风禾白穗，冬看东风雪满天（闽）

春发东风雨涟涟，夏发东风绝水源，秋发东风谷米贵，冬发东风雪满天（赣）

春季东风雨淋淋，夏季东风水断源，秋季东风禾白穗，冬季东风雪满天（赣）

春天东风雨涟涟，夏天东风井断泉，秋天东风禾生芽，冬天东风雪满天（赣）

春刮东风雨绵绵，夏刮东风缺水源，秋刮东风禾会死，冬刮东风雪满天（赣）

春季东风雨涟涟，夏季东风井断泉，秋季东风田开裂，冬季东风雪漫天（赣）

春刮东风雨涟涟，夏刮东风断井泉，秋刮东风禾苗死，冬刮东风雪迷迷（鄂）

春吹东风雨咚咚，夏吹东风雨溯溯，秋吹东风毛毛雨，冬吹东风雨无踪（湘）

春来东风水涟涟，夏来东风绝水源，秋来东风禾花死，冬来东风雪满天（贵）

春里东风雨涟涟，夏里东风断井泉，秋里东风禾花死，冬里东风雪飞天（华北）

春刮东风急转北，有雨等不到黑（鲁）

春东夏西，打（骑）马送蓑衣（吉、苏、皖、赣、鄂、湘）

春东夏西，斗笠蓑衣（晋）

春东夏西，出外带蓑衣（赣）

春东夏西，打马送雨衣（粤）

春东夏西，有雨不愁（冀）

春东夏西秋不论，五千六阴好年成（皖）

春东夏西秋北雨（鄂）

春报头[①]（闽）

春报头，冬报尾（粤）

麦子扬花东风云，麦收时节有雨淋（冀）

春刮东南夏刮北，秋刮西南不到黑（苏、鲁、川、陕）

春刮东风夏刮北，立了秋的西南不到黑（鲁）

---

① 报头，指东风。

春刮东南夏转北，明天下雨不到黑（湘）

春刮东南夏刮北，六月北风等不到黑（鲁）

春发东南，雨水成串（赣）

春东南，雨涟涟（沪）

春夏东南风，不必问天宫（吉、苏、鲁、桂）

春夏东南风，不必问天公；秋冬东南风，雨下不相逢（皖、川）

春秋东南风，干到南，干到东（贵）

春秋东南风，不过三天刮大风（新）

春秋东南风，不用问太公（鲁）

春季东南风，十次九不空（湘）

春季东南风，下雨不用问太公（鲁）

春南风，雨太公（湘）

春南风，雨蒙蒙（浙）

春发南，雨成潭（湘）

春季南风是雨娘（鲁）

春天南风夜来雨（浙）

春南风，雨咚咚；夏南风，一场空（苏、鄂）

春天南风雨涟涟，夏天南风见水面，秋天南风当日雨，冬天南风雪满天（赣）

春发南风雨唧唧，夏发南风一场空（赣）

春南雨咚咚，夏南一场空，秋南雨淋淋，冬南天不晴（赣）

春季南风是雨娘，夏季南风干禾秧，秋季南风毛毛雨，冬季南风雪花飘（湘）

春季南风是雨娘，夏季南风干禾秧，秋季南风当日雨，冬季南风雪茫茫（鲁、鄂）

春季南风雨要降，夏季南风旱禾秧，秋季南风当日雨，冬季南风雪茫茫（吉）

春动南风还有雨，夏动南风干松松（湘）

春南旱，夏南晴，冬南雨（桂）

春南风晴，夏南风雨（闽）

春南晴，夏南雨（粤、桂）

春季南风不过夜，夏季西风不过夜（闽）
春天南风天天好，夏天南风雨嘈嘈（粤）
春刮南风海河干（苏）
春刮南风地不干，夏刮南风海底干（晋）
春南风，雨咚咚；夏南风，一场空（苏、川）
南晴北落是春天（桂）
春南过三，转北即暴（浙）
春南夏北，没（有、无）水磨墨（闽、粤、桂、贵）
春南夏北，有雨都冒得（湘）
春南夏北要雨易（便）得（赣、湘）
春南夏北，有雨必得（湘）
春南夏北，无雨必风（湘）
春南夏北，有风必雨（京、晋、吉、沪、苏、浙、皖、闽、赣、豫、鄂、湘、陕）
春南夏北，有风必雨；春东夏西，雨随风起（辽）
春南夏北，有风必雨；春东夏西，骑马送蓑衣（川）
春南夏北，风大必有雨（粤）
春南夏北，无风必有雨（粤）
春南夏北，等不到天黑（皖、鄂、陕）
春南夏北阳沟裂；春北夏南，阳沟撑船（鄂）
春南夏北，有雨即到；夏南秋北，无水磨墨（浙）
春吹南风河水干（冀）
春吹南风晴，北风雨不停（粤）
春天南风多，六月雨水多（冀）
春季南风对夏雨（皖）
春刮南风来日雨，夏刮北风雨就来（湘）
春刮南风夏刮北，明日有雨在晚前（豫）
春南风是晴，春北风是雨（桂）
春前西风刮，下雨得半月（豫）
春见西风晴，久雨西风收（皖）
春西风，满咚咚（湘）

春刮西风雨不来（湘）

春天西风晴转雨，夏天西风急雨来，秋天西风会久晴，冬天西风晴不长（赣）

春怕西南，秋怕东南（鲁）

春刮西南风，有雨也稀松（鲁）

春刮西南大旱天，夏刮西南水浸田（粤）

春西南，天气晴（浙）

春北回头东，风定有雨，雨定有风（粤）

春北夏南，草埔成潭（苏、闽）

春北雨，冬北晴（桂）

春天北，雨沥沥（粤）

春刮北风不下雨，秋刮北风连阴天（鲁）

春天北风多，夏天天要旱（辽）

春发北，水乙乙；夏发北，茅点铁（粤）

春发北，晒死蒡；夏发北，水打铁；秋发北，禾白穗；冬发北，满山雪（赣）

春天北风多主夏旱（辽）

春发北风寒冷多，夏发北风大雨多，秋发北风晴更多（赣）

春天北风雨转晴，夏发北风雨浸城，秋天北风日晒热，冬天北风天气冷（赣）

春天西北风，天气日日红（浙）

春夏西北风，夜来雨不从（苏）

春夏秋冬西北风，天气必然晴（豫）

春夏秋冬西北风，下雨不可能（鲁）

春天西北风多，夏天暴雨多（冀）

春西北，夏内晒[①]（闽）

春西涨，晒破头；冬西北，必转晴（晋、沪、皖）

春冬北风雨不大，秋发北风田地干（桂）

春冬北风雨不大，秋发北风天干旱（桂）

---

① 立春后多西北风，立夏到芒种少雨。

春天北风头，冬天北风尾[①]（桂）

春夏北风搅天开（湘）

春季十里风不同（浙）

春发风，连夜雨（豫）

春夏发漩涡风肯落雨（桂）

春风不入皮[②]（冀、苏、皖、鲁、豫、桂）

春前风多，秋后雨多（皖）

春风不着地，夏雨隔田塍（川）

春风要活（浙）

春风不放债[③]（浙）

春风踏脚报[④]（苏）

春风吹过寸草头，牛儿急忙遍地走（内蒙古）

春风不刮（吹）地不开，秋风不刮（吹）籽不来（晋、黑、青）

春风暖，秋风寒（豫）

春风不刮地不开（冀、晋）

春风裂石头（苏、华北）

春风报，雨即到（湘）

春风疾雨落（沪）

春风旺，雨已迟（云）

春风吹破玻璃瓦（皖）

春风百日雨（冀、皖、鲁、湘）

不刮春风，难下春雨（青）

春风百日化做雨，秋风百日化成霜（豫）

春风百日化成雨（沪、苏、浙、豫、贵、陕）

春风[⑤]后一百天有一场雨（辽）

春风一百天，大雨下满湾（鲁）

---

① 指转雨。

② 意为春天的风不冷。

③ 春天冷暖空气异常活跃，风向多转换，所以有不放债之说。

④ 踏脚报，是多变的意思。

⑤ 指春天大风。

春风百日是良雨（新）
春天不定时，风吹雨就来（闽）
春风不入皮，立夏斩风头（湘）
不刮春风，难得夏雨（粤）
春风夏雨（鄂）
行下春风望夏雨（鲁）
行得春风有夏雨（晋、长江中下游）
行得春风落夏雨（浙）
放春风，多夏雨（皖）
行得春风，必有夏雨（沪、苏、皖）
春风多，夏天河流水多（新）
行得春风夏雨多（沪、苏）
春风多，夏雨少（新）
播得春风有夏雨（湘）
春风小，伏雨多（吉）
春风不着肉，孩子冻得哭（苏）
春风不着肉，夏雨隔田塍（办）
春风不着肉，冻得孩儿哭（华北）
春风吹得多，夏雨冲成河（湘）
春风多，必有夏雨（湘）
春季无大风，夏季雨水穷（苏、鄂、桂）
春风转夏雹（冀）
春风对秋雨（豫）
春风唤秋雨（冀、苏、赣、鄂、湘）
春风对秋雨，有怪风就有怪雨（苏）
春天的风，秋天的雨（苏、鲁）
春风大，秋雨多（辽、黑、吉）
春风秋雨（鲁）
春天多风，秋后多雨（皖、川）
春天多风，秋天多雨（冀、鲁）
春有几次风，秋有几次雨（晋）

春风多，雪多，夏雨多（鄂）
春风大，秋风也大（京）
春风头，秋风尾（辽、鲁）
春季大风多，夏季雨水多（苏）
春风迟，风暴小（苏）
一场春风，一场秋雨（辽、苏、皖、豫）
春天一阵风，秋后三场雨（川、甘）
春有场大风，秋有场秋雨（甘）
一场春风暖，一场秋风寒（豫）
一场春风一场暖，一场秋风一场寒（晋、豫）
不刮春风，难来（下）秋雨（冀、吉）
不刮春风，难得秋雨（晋、苏、鲁、鄂、湘、桂、云）
不行（得）春风，难得秋雨（苏、鄂、湘）
没有春风，难得秋雨（吉、黑）
行下春风望秋雨（鲁）
春不刮不消，秋不刮不冻（甘）
春风带哨，秋后易涝（皖）
春风夏雨，秋风冬雪（皖）
上春[1]风多，下春雨多（鲁）

4. 夏天的风

夏东风，昼夜晴（湘）
夏东风，燥松松（苏、浙）
夏东风，可当空（浙）
夏东风，一场空（冀、晋、黑、浙、粤）
夏东风，井底空（苏、甘）
夏东风，热烘烘（鄂）
夏东风，池塘空（苏、皖、鄂、川）

① 谷雨前为上春。

初夏东风日头红（粤）
夏东风，一场凌（冀）
夏刮东风一场空（豫）
夏吹东风，望雨一场空（湘）
夏天起东风，不必问天公（浙）
夏刮东风当时雨（豫）
夏天刮东风，大雨下得凶（豫）
夏东风，燥烘烘；春东风，雨祖宗（陕）
夏东风，热烘烘；冬东风，雨祖宗（苏）
夏刮东风海底干，秋刮东风水淹山（川）
夏刮东风井底干，秋刮东风水连天（晋、川）
夏季东风恶过鬼，一斗东风三斗水（粤）
夏内东风是水桶（闽）
夏季东风雨水多（粤）
夏季东风摇，麦子坐水牢（冀）
夏东风连数日，三四日内雨涟涟（藏）
夏吹火南风，河里涨大洪（闽）
夏南风，井底空（浙）
夏起南风海底空（浙）
夏季南风一场空（赣）
夏怕南风，秋怕东北（冀）
夏天南风地发裂（赣）
夏刮南风井底干，春刮南风不由天（冀）
夏刮南风井底干，秋刮南风水连天（晋）
夏刮南风井底干，秋刮南风水淹山（苏）
夏刮南风海底干，秋刮南风地不干（陕）
夏刮南风晒干田，冬刮南风雨淋淋（闽）
夏天南风晴，冬天南风雨（桂、贵）
夏起南风海底干（浙）
夏天南风，愈吹愈晒（浙）
夏南转北雨，冬南转北寒（桂）

暑要南，寒要北，反了风向大风迫（湘）
夏季南风转北风，搓绳绑屋少不得（粤）
夏季先起大南风，一转北风下得凶（赣）
夏季南风不雨，换北不晴（冀）
夏南风无雨，冬南风不晴（湘）
夏天南风晴，冬天南风雨（桂）
夏南秋北，无水磨墨（浙）
夏刮东南井底干，秋刮东南水连天（陕）
夏刮东南井底干，秋刮东南雨水多（苏）
夏季东南风，何必问天宫（闽）
夏刮东南风，不用问先生（鲁）
夏季东南风，上云必有雨（粤）
夏西风，雨祖宗（皖）
夏发西，打马送蓑衣（赣）
夏发西风涨大水（赣）
夏季西风雨为洋（闽）
夏季西风，洪水涌上（桂）
夏刮西，雨打鸡（皖）
夏刮西南风晴（豫）
夏起西南风，雨水滴滴空（闽）
夏天西南热（浙）
夏西南，雷阵轰（苏）
夏天三日西南风，秋后雨无穷（湘）
夏发北，干死辣（粤）
夏天发北，赶紧修缺（赣）
夏天北风雨稀松（鲁）
盛夏吹北风，三天有台风（浙）
夏初怕北，夏末东北了不得[1]（湘）
夏天发北，田垅紧收缺（赣）

---

① “了不得”指有大雨。

夏北不过三，过三必有台（闽）
夏天北风吹来凉凄凄，三四天内将有雨（藏）
夏季北风雨，八月北风凉（冀）
夏刮北风必有雨，冬刮北风不下雨（鲁）
夏天北风雨，冬天南风雪（冀）
夏季北风田发裂，来年夏季发大水（鄂）
夏雨北风生（沪、皖）
夏刮东北风，不必问天公（晋）
夏天西北风，猛雨紧跟踪（陕）
夏秋西北吹过午，大水没灶肚（粤）
夏末秋初西北风多，霜来得早；南风多，霜来得晚（黑）
夏季风向多变要下雨（藏）
夏天吹凉风，天气由坏转好；秋天吹凉风，天气由好转坏（闽）
夏天早晚凉风吹，不过几天有雨淋（藏）
夏季有了凉东风，很快下雨；若是北风连连吹，继续干旱（藏）
夏天若有大风，则无雨水（藏）
夏刮风，井底干；秋刮风，水连天（甘）
夏天风大天必旱，冬天风大必寒冻（粤）
夏日风稀来日热，夏夜星密来日热（吉、湘）
夏夜风稀来日热（赣）
夏日狂风多，入夜雷暴生（藏）
夏风吹翻瓦，秋雨流过喇（湘）
夏风连夜倾，不久便晴明（川）
夏风连夜刮，不昼便晴明（桂）
热天刮了度夜风，明日天气照样晴（湘）
长夏风势轻，舟船最可行（桂）

5. 秋天的风

秋东风，晒死湖底虾公（粤）
秋东风，雨蒙蒙（皖）

秋东风，雨祖宗（云）
秋东风，烂草棚（浙）
秋刮东风水涟涟（豫）
秋刮东风水淹山（甘）
秋发东风虫满地，冬发东风雪满天（闽）
秋打东风冷死禾，冬打东风雪满天（粤）
秋东风，禾出（生）芽（赣、湘）
秋后东风当时雨（豫）
秋季东风毒（湘）
秋东北，烂草屋（苏）
秋东南，起好天（闽）
秋刮东南不到黑（苏）
秋刮东南雨水多（苏）
秋冬东南风，雨雪不相逢（冀、鲁）
秋冬东南风，雨下不相逢（粤、桂）
秋发南，雨汪汪（湘）
秋发南风是旱，冬发南风是暖（桂）
秋发南，雨成潭；秋发北，田开拆（湘）
秋发南风是雨窝，冬发南风霜冻多（赣）
秋起南，好划船；秋起北，干死蒡（赣）
秋季南风雨淋淋（赣）
秋季南风当时雨（豫）
秋天南风当时雨，冬天南风雨连天（鄂）
秋天南风当日雨，秋天北风干死鬼（鄂）
秋季南风雨淋淋，冬季南风天不晴（赣）
秋前南风一场空，秋后南方雨祖宗（赣）
秋前南风秋后雨，秋后北风遍地干（苏）
秋后发南风，斗笠随身行（赣）
秋后南风当日雨（苏）
秋后南风雨水多（赣）
秋后南风雨潭潭（苏）

秋南夏北，要雨即刻（浙）
秋后南风当时雨，秋后北风田干裂（苏）
秋后南风当日晴（苏）
秋后南风急，大雨必可期（鄂）
秋后南风过了夜，来日必定刮东风（津、冀）
秋天西南风，雨水来绵绵（桂）
秋后西南风，跑头不跑尾（冀）
秋刮几天西南风，地面干得疙崩崩（湘）
秋天西风有雨（闽、桂）
末秋西风有雨落（桂）
秋前西风大水浇，秋后西风石板翘（浙）
秋后西风雨（吉、陕、甘）
秋后西风雪，南风下到夜；东风无不晴，北风下到明（陕）
秋后西风雨，伏里东风旱（陕）
秋后西风雨，春后东风不晴（陕）
秋后西风旱燥田（赣）
秋季西风连日霜（冀）
秋后西风雨，南风下到底；东风天不晴，北风不到明（陕）
秋发北，晒煞煞（湘）
秋发北，晒死蒡（桂）
秋发北，干死人（赣）
秋发北，天更热（赣）
秋发北，日头烈；秋发南，水成潭（桂）
秋发北，晒死虱；秋发南，水浸潭（湘、贵）
秋发北，晒死虱；秋发南，下成潭（桂）
秋天北，日日晴（吉）
秋里北风晴（浙）
秋来北风多，南风是雨窝（苏、湘）
秋前北风就下雨（粤）
秋前北风秋后雨（湘）
秋前北风秋后雨，秋后北风干（旱）到底（冀、苏、赣、鄂、湘、

川、云）

秋前北风秋后雨，秋后北风干河底（皖）

秋前北风秋后雨，秋后北风遍地干（苏）

秋前北风雨，秋后北风晴（赣、湘）

秋前北风秋后雨，秋后南风雨团团（皖）

秋前北风秋后雨，秋后南风雨潭潭（苏）

秋前北风易下雨，秋后北风干到底（粤）

秋前北风秋后雨，秋后北风晴一七（湘）

秋前北风马上雨，秋后北风多晴天（吉）

秋前北风马上雨，秋后北风无点云（闽）

秋前北风秋后雨，秋后北风田地干（桂）

秋前北风五谷粮，秋前东风遭夜雨（云）

晚秋北风晴天多，起了南风是雨窝（湘）

秋后北风紧，夜静有白霜（辽、沪、皖）

秋后北风凉，大晴送重阳（湘）

秋后北，田干裂（皖）

秋后北风天脚空，一定打台风（粤）

秋后北风田里干（沪、皖）

秋末春初吹北风，夜晴必有霜（晋）

秋后北风雨（甘）

秋季北风对春雨（皖）

秋冬西北风，天光晴可喜（苏、桂）

秋冬西北风，天气晴可靠（湘）

秋冬西北风，晴天喜融融（辽、赣）

秋冬西北风，天公可喜融（苏）

秋冬西北风，日日好天空（湘）

秋冬西北风，天气燥松松（桂）

秋冬西北风，天气必然晴（豫）

一场秋风，一场冬风（冀）

一场秋风一场雨（川）

一场秋风一场雨，一场寒露一场霜（苏）

一阵秋风一阵凉，一场白露一场霜（苏）
一场秋风一场凉，三场白露一场霜（晋）
一阵秋风一阵凉，两场白露一场霜（吉）
一场秋风一场凉（川）
一日秋风一日凉（湘）
一场秋风一场寒，十场秋雨就穿棉（冀）
秋风换春雨（鄂）
秋风少，冬雪少（黑）
秋后凉风当日雨（川）
秋风大，春雨多（冀、吉）
秋前吹风打日头，秋后吹风打夜头（粤）
秋季风沙大，来年春季雨水多（藏）
秋动己卯风[1]，十家谷仓九家空（湘）
秋风前后有风霜（内蒙古）

6. 冬天的风

冬东风，雨祖宗（粤）
冬东风，冷得凶（皖）
冬天东风紧，一冷就下雨（云）
冬东风，雪花白蓬蓬（粤）
冬天刮东风，雪花白蓬蓬（晋）
冬天刮东风，会下棉花雪（云）
冬季东风雪（湘）
冬东风下雪，冬南风下霜（皖）
冬季上午刮东风，一般过一星期有雹，东风刮得大，雪大（藏）
冬季上午东风，下午西北风，一连四五天，要降雪或雨（藏）
冬刮东北风，下雹一定凶（豫）
冬春东北风，雨下定不从（贵）

---

① 己卯风，指无方向的大旋风或狂风。

冬天南风霜，春秋南风干，梅天南风发大水，六月南风遍地干（皖）
冬天一日南风三日雪，三日南风半个月（湘）
冬季一日南，三天关门闩（湘）
冬季南风强，来日雪满墙（赣）
冬天南风来，家家准备柴（赣）
冬天南风有雨来（浙）
冬天大南风，一定有霜雪（湘）
冬天大南风，必定有霜冻（赣）
冬天南风三日雪（京、苏、赣、川）
冬夏刮南风，雨雪快淋头（藏）
冬季起南风，一转北风就落雨（鄂）
冬后南风无雨雪（鄂）
冬南夏北，晴不到天黑（赣）
冬南夏北，有风便雨（苏、川）
冬南夏北，转眼雨落（辽、皖、鲁）
冬南夏北，转眼雨得（湘）
冬南夏北，有风必雨（苏、赣）
冬南夏北，雪雨将落（吉）
冬天南风三日雪（苏、川）
冬季南风百日阴（赣）
冬天南风，二三日必有雪（辽）
冬季南风不过三，过三天气必转寒（皖）
冬天南风刮大，有雪下（冀、辽）
冬南风迎北风送①（粤）
寒怕南，暑怕北，吹你渔船乱漂泊（湘）
寒怕南，暑怕北，反了风向大雨追（湘）
冬季南风刮得大，只有天把就要下（湘）
冬季南风大，来年雨水少（藏）
冬天西风刮一仗，明天必有霜（豫）

① “迎”“送”均指雨。

冬季吹西风，天气多为晴（湘）
冬春两季刮西风，山林防火要慎重（云）
冬春西南风，不必问天公（贵）
冬刮西北风，风停霜必生（豫）
冬季西北风，天气容易晴（赣）
冬吹西北晴（浙）
冬季西北风，天气要转晴（闽）
冬腊西北风，冻破脚后跟（贵）
寒里腊里多西北，莳里伏里地干裂（苏）
冬吹北风有霜大，天晴南风有霜小（云）
冬季北风多，夏季台风多（苏）
冬北不让南，春南不让北（鲁）
冬季北风见日死（粤）
冬天北风强必晴，南风强必雨（赣）
冬季朝夕刮热风，不过几日雪花飘（藏）
冬季一场风雪，夏秋一场雨（陕）
冬天一场风，夏天一场雨（冀）
冬天刮大风，日头火样红（湘、粤）
冬天风大，夏天雨大（冀）
冬天风大，夏天雨多（鲁）
冬风大，夏雨多（藏）
冬天多风，秋后多雨（浙）
冬春风暴大，夏秋台风强（苏）
冬天风紧要下雨（赣、湘、鄂）
冬风吹得紧，下雨勿会停（苏）
冬天风急要下雨（湘）
冬春一场风，夏秋一场雨（苏）
冬有怪风，夏有恶雨（冀）
冬天风歇得早，次晨霜小；歇得晚，次晨霜大（云）

冬春常见狗咬风[1]，春季下雨一场空（湘、粤）

达周隆科冬季风六个月周转，风雨对应（藏）

7. 东风

一年三季东风雨，独有夏季东风晴（沪、湘、川）

一年三季东风雨，只有夏季东风晴（黑、闽、鲁）

一年四季东风雨，只有夏季东风晴（皖）

一年四季东风雨，夏季东风有时晴（陕）

一年四季东风雨，只有伏天东风晴（皖）

一年四季东风雨，唯有夏日（天）东风晴（辽、浙、赣、鄂、川、陕）

一年四季东风雨，唯有夏季东风晴（苏）

一年四季东风雨，夏季东风断水流（晋、陕）

一年四季东风雨，惟有东风夏日晴（苏）

四季东风四季下，就怕东风刮不大（黑、皖、鲁、陕）

四季东风四季下，只怕东风起不大（吉、赣、川、云）

四季东风四季下，只怕东风吹不大（沪、苏、赣、鄂、粤、贵、陕）

四季东风有雨下，只怕东风刮不大（冀）

四季东风下，只怕东风刮不大（皖）

四季东风怕更鼓，不怕更鼓野过虎（粤）

四季东风是雨娘，只怕东风刮不长（晋）

四季东风是雨娘（京、晋、吉、沪、浙、皖、赣、鲁、豫、湘、桂、贵）

正东风，雨祖宗（陕）

四季东风都是雨（赣、鄂）

四季东风不久晴（湘）

四季东风皆有雨，只怕伏天东风晴（冀）

东风长发要下雨，雨歇又打西风暴（浙）

四面东风四面下，就怕东风刮不大（内蒙古、黑）

---

① 狗咬风指尘卷。

东风四季晴，就怕起响声（豫）
四面东风四面晴，就怕东风起响声（黑）
东风四季晴，只怕东风起响声（苏、浙、赣、桂）
四季东风四季晴，就怕东风起响声（津、皖、晋、浙、豫、云）
东风起响声，不落不相信（浙）
四季东风晴，就怕起响声（鲁、湘）
四季东风不愁涸，六月东风一场空（皖、赣、桂）
四季东风不愁旱，六月东风一场空（粤）
四季东风无用处，元旦东风是熟年（赣）
上午东风砍担柴，下午东风穿套鞋（赣）
东风当日雨（川）
东风不晴天（黑）
东风昼夜吼（苏）
东风雨淋，行人莫出门（豫）
东风雨，不晴天（黑）
东风不断，鱼儿送饭（贵）
东风不住连夜雨（陕）
东风进帐棚有雨（川）
东风交叉吹有雨（川）
东风莫上树，上树要落雨（浙）
东风两头尖（苏）
东风唤细雨（吉）
吹东风，不出三日雨出纵（闽）
东风换西雨，好似亲娘叫闺女（鲁）
东风唤喜雨，老娘接闺女（黑）
东风雨，东风开，不过三天还回来（鲁）
东风是个精，不下也要阴（鄂）
东风雨，过几天（黑）
东风起阴有雨（津）
东风雨淋淋，行人勿远行（豫）
东风耀仗子，雨在天畔子（宁）

东风西云起，不落真怪气（浙）
东风一剂药，风息雨就落（鄂、粤、贵）
东风难得来，一来漫河崖（鄂）
东风不过夜（晋）
东风怕更鼓（粤）
东风本姓丁，傍晚必醒醒（鲁）
东风不落脚，一定有雨落（鄂）
东风刮两天，不雨也阴天（鲁）
东风续两天，阳雨连绵绵（津）
东风不过三，过三没好天（桂）
三天东风不由天，晚上晴天没好天（甘）
三天东风一日雨，若不下雨晴到底（鲁）
三场东风不由天（川）
东风三天下大雨，北风一日定晴天（鲁）
东风不过三，过三十八天（吉）
东风紧，天不晴（甘）
东风刮得紧，下雨靠得稳（湘）
东风紧，雨儿稳（苏）
三日东风紧，一停就有雨（桂）
东风紧，下雨稳（苏）
东风刮得紧，雨儿下得稳（苏、湘）
东风急溜溜，难过（熬）五更头（沪、皖、鲁、湘）
东风急，雨打壁（苏、皖、赣、湘、贵）
东风急，戴斗笠（川、贵）
东风急，披蓑笠（苏、浙、闽）
东风急，披（穿）蓑衣（赣、鲁、豫、鄂、湘）
东风急，备蓑衣（晋、吉、桂）
东风急，备蓑笠（苏、浙、鲁、鄂）
东风急，备蓑衣斗笠（赣）
东风急云起，越急越有雨（桂）
东风大，天要下（豫）

东风轻，下雨松；东风大，大雨下（鲁）

东风刮大，必有雨下（冀、辽）

东风不大，寒流不强（湘）

东风劲吹，五六天内有雨（吉）

东风接着刮，淋死干毛鸭（鲁）

东风狂，雨师忙（陕）

东风行南云，西北风行横云（粤）

东风西上云，不用问上神（鲁）

东风云过西，等雨不用急（冀）

东风云过西，雨下不移（多）时（皖、闽、鲁、桂、川）

东风送云，风息雨淋（贵）

东风云打架，必有大雨下（桂）

东风吹，云打架，瓦沟流水大雨下（皖、陕）

东风吹，云打架，必大雨（桂）

东风不过晌，过晌嗡嗡响（津、冀）

东风吹过午，大水浸倒厝；东风吹过夜，大水浸倒楹（粤）

东风不过晌，黄风怕日没（冀）

东风吹过夜，大水没楼楹（粤）

东风昼夜吼，狂风又骤雨（沪）

东风不过更，过更雨一场（浙）

东风打过更，雨在门外涨（浙）

东风有雨下，只怕东风太文雅（沪）

东风不倒总有盼（陕）

刮东风，傍晚升①（鲁）

东风不倒，别嫌雨小（冀、辽、吉、鲁）

东风不倒，雨下不少（鲁）

东风不倒，天气不好（冀）

东风不倒，天晴不了（豫）

东风不倒，必定晴不了（豫）

---

① 升，指增大的意思。

东风不变，下雨不断（冀）

东风雨，不晴天（黑）

东风雨，连几天（黑）

一日东风定下雨（闽）

一日东风，雨声咚咚（湘）

一日东风，大雨淙淙（湘）

一日东风，大水（雨）咚咚（湘）

一日东风三日雨（水）（吉、粤、桂、陕）

五月龙教子，一日东风三场雨（粤）

一日东风三日雨，三日东风一场倾（湘）

一日东风三日雨，三日东风雨更凶（赣）

一日东风三日雨，三日东风水淹田（贵）

一日东风三日雨，三日东风不由天（晋、陕）

一日东风三日雨，三日东风涨洪（大）水（湘）

一日东风三日雨，三日东风无米煮（皖、鲁、桂）

一日东风三日雨，三日东风九日晴（鄂）

一日东风三日雨，三日东风一场空（晋、黑、辽、鲁、鄂、湘、粤、桂、宁）

一日东风一日雨，三日东风一场空（辽、吉、鲁）

一日东风一场空，三日东风雨太公（鲁）

一日东风一场空，三日东风雨讯通（鲁）

一日东风三日晴（粤）

下雨不下雨，日从东风起（宁）

大东风，层云天，三天里，雨涟涟（冀）

东风南云箭，大雨一定见（粤）

东风凉，浇倒墙（冀）

西水夹东风，饿死耕田公（粤）

不怕天不下，就怕东风刮不大（赣、豫、陕）

不怕东风急，只怕东风息（鄂、湘）

东风不雨，雨就难晴（内蒙古）

东风无响声，一年四季晴（浙）

一年东风四季晴，只怕东风起响声（浙）
东风四季晴，只怕东风起响声（苏）
四季东，四季晴；全年西风会变天（闽）
不刮东风，难来（下）秋雨（冀、内蒙古）
东刮西扯出旱情（鲁）
东刮西扯[1]有雨不过夜（晋、皖、赣、鲁、粤、桂）
东刮西扯，半夜有雨（皖）
东拉西扯，下雨要半夜（鄂）
东风潮雨西风下，只怕风儿起不大（晋）
东风吹阴西风下，只怕东风吹不大（陕）
东风下雨东风晴，再刮东风就不灵（皖）
东风转西风有雨（藏）
不刮东风没长雨，不刮西风天不晴（冀）
不刮东风天不下，不刮（转）西风天不晴（冀、辽、沪、鄂、川）
不刮东风不天潮，不刮南风不下雹（冀、晋、湘、陕）
不得东风不得下，不得西风不得晴（皖）
不刮东风不下雨，不刮西风不晴天（川、藏、甘）
不刮东风不雨，不刮西风不晴（浙）
不刮东风不下雨，不刮西风天不晴（豫、桂）
不刮东南天不下，不刮西北天不晴（陕）
不怕东风下，就怕西风阴（黑）
不变东风不下雨，不变北风不晴天（辽）
偏东风，雨祖宗；西北风，一场空（新）
东风是雨娘；南风热难当（苏、鄂）
东风雨淋，南风大天晴（湘）
东风头大，西风腰粗（豫）
东风头大，西风尾大[2]（冀、晋、皖、川）

① “东刮西扯”指风向变化不定、风力非常弱小的景象。
② 指东风先大后小，西风先小后大。

东风两头大，西风腰里粗[1]（晋）

东风头大，西风尾大，南风腰里硬，北风两头尖（鲁）

东风潮湿，西风干（晋、闽）

发东风，淹雨（水）起；发西风，淹雨（水）止（晋、鄂、湘、桂）

东风有小雨，西风有暴雨（黑）

东风阴，西风晴（吉、皖）

东风怕盖，西风怕晒（冀）

东风雨来西风晴（皖）

东风多而小，西风少而大（甘）

东风下雨西风晴（苏、浙、闽、桂、云、甘）

东风雨太公，西风太阳红（苏）

东风雨，西风晴（晋、内蒙古、黑、浙、鄂、湘、桂、贵、陕）

东风下雨西风晴，转了南风下不成（苏）

东风下，西风晴，倒了南风下不成（鄂）

东风雨，西风晴，南风刮得太阳红（陕）

东风雨，西风晴，北风起来冷清清（鲁）

东风下雨西风晴，北风晴天南风阴（晋）

东风下雨西风晴，南风下雨扎老营（陕）

东风夜里走，西风不过酉，北风两头尖，南风旺于午（赣）

东风雨，西风晴，西风不晴必连阴（鄂）

东风雨，西风晴，北风吹来一场空（藏）

东风有雨西风晴，北风刮来一场空（甘）

东风雨，西风晴，北风过来冷煞（死）人（冀、辽、黑、苏、闽、鲁、川、青）

东风雨，西风晴，北风刮来冻死人（冀）

东风雨，西风晴，北风霜来临（甘）

东风雨，西风晴，北风起来晒死人（粤）

东风雨（雪），西风晴（寒），西风不晴（寒）要连阴，阴来阴去下大雨（雪），大雨（雪）之后冻死人（羊）（新）

---

① “两头”指早晚，“腰里”指中午，“粗”指风大。

东风雨，北风寒，三场南风不由天（鲁）

东风雾，连阴雪；西风雾，地冻裂（新）

东风是大雪，南风下不大，北风则雨少（藏）

东风阴，西风晴，南风天暖北风冷（陕）

东风阴，西风晴，南风发热，北风冷（吉、苏、皖、鲁、豫、川）

东风湿，西风干，南风暖，北风寒（皖、湘）

东风吹湿西风干，南风吹暖北风寒（冀）

东风如“小生”，南风似“花旦”，西风若“乌净”，北风像沙钻（湘）

东风雨，西风晴，南风热，北风起来冷死人（宁）

苍龙风急，大雨将来；朱雀风回，烈日晴燥；白虎风生，必有雨雾；玄武风紧，雨水相随[①]（甘）

东风害，西风生；北风寒，南风贵（赣）

东风雨，西风晴；南风热，北风冷（湘）

东风雨，西风晴，南转北风雨不停（桂）

东风雨，西风晴，西风不晴阴雨绵（桂）

东风雨，怕西风，西南怕雷轰（公）（粤）

东风下雨南风晴，老汉做活儿子停（宁）

东风雨淋淋，南风大天晴（赣）

东风转东北，阎王见了鬼（冀）

东风停，西方云，不雨也要阴[②]（新）

东风雨，雨西瓜；西风雨，雨芝麻（新）

上半年不应东[③]，下半年一场空（鄂）

风向一转东，大风就要停（新）

风向转东，不易刮大风（新）

东风头，北风尾[④]（粤）

东风吹，寒潮来（云）

东风东风，夏天也会变成冬；当风霜小，背风霜大（云）

---

① 苍龙指东方，朱雀指南方，白虎指西方，玄武指北方。

② 说明冷暖空气交绥，西方有云，天气系统已入。

③ “不应东”指吹东风与未来下雨的关系不密切。

④ 指冷而言。

刮东风，上上云，天不下，也放心（甘）

风云同时从东来，随后无雨就奇怪，先有云来后刮风，风力增强雨势凶（新）

风转东，雨不终（黑）

东风不欠西风债（鄂）

东风不受西风欺（津、冀）

东风不受西风欺（气），渔民时刻要注意（冀）

东风不受西风欺，南风过来有道理（冀）

东风吹，西风顶，不下不得成（陕）

东风吹，西风顶，不下雨，哪能行（陕）

东风吹，西风顶，天不下，不得行（陕）

东风吹，西风顶，不下雨不得行（陕）

东风刮，西风顶，老天不下不能行（晋）

东风刮，西风逆，流檐骤雨到天明（晋）

东风潮云西风雨（晋）

东风云彩西风雨（黑）

东风起云，西风下雨（晋）

刮东风，还西风，下雨不用问天宫（晋）

东风代南风，下雨不必问天宫（晋）

东风上了南，大网可上船（冀）

东风上了南，越刮越慢坦（冀）

东风向南刮到完，北风向东越稀松（冀）

东风转南变小，转北变大（冀）

东风向北，刮得活见鬼[①]（冀）

东风上了北，刮得不见鬼（冀）

东风转北风，不雨必天阴（晋）

东风转北，搓绳缚屋（浙）

东风转北风，不下也要阴（宁）

东风转北，不雨必阴；南风转北，阴雨绵绵（湘）

---

① “活见鬼”和“不见鬼”都是指风大的意思。

东风转北，无（不）雨必阴（湘、云）

东风伴北风，石头刮起空；北风转东北，越刮越稀松（辽）

东风转为西北风，十二小时内有雨（藏）

东风吹得大，转了西风就要下（甘）

东北转西北，刮得不见鬼（津）

东南风转西北风，要下雨（藏）

东北风，雨祖宗（津、冀、晋、吉、黑、沪、苏、浙、赣、鲁、豫、鄂、湘、桂、贵、宁）

东北风，雨太公（京、内蒙古、晋、辽、吉、黑、沪、苏、浙、皖、赣、鲁、鄂、豫、湘、贵、陕）

东北风是雨婆（黑）

东北风，雨太凶（贵）

东北风，雨咚咚（湘）

东北风有雨，西北风是开天的钥匙（鲁）

东北风，不得空（桂、甘）

东北风，雨冲冲（吉）

东北风，皮脸精（鲁）

东北风不倒，什么事情也耽误了（鲁）

东北风，阴雨天来控（云）

东北风不倒，还嫌雨小（鲁）

要吃好酒亲家公，要落好雨东北风（苏）

东北风不停，必定有事情（鲁）

风从东北起，天变必下雨（豫）

东北风的雨，不倒不晴（京、冀）

东北风刮得紧，必定下得稳（豫）

东北风的雨，三天三宿（鲁）

东北紧，雪来临（苏、皖）

东北西北风太紧，不晴天（桂）

四季东北有雨下，只怕东北太文雅（浙）

东北风是皮脸精，旱天不下雨，涝天不起晴（鲁）

东北风雨南风开，不过三天还回来（辽）

东北不回南，赶狗都不行（跑）（粤）

三天翻叶风[1]，大水平天空（浙）

连发三日东北风，晒死老长工（陕）

连发三日东北风，定有大水后头（面）跟（沪、甘）

三日东北风，劝君莫运行（鲁）

三天东北风，不用问天公（鲁）

东北风，冷祖宗（豫）

东北风，好下霜（豫）

东北风雨，西南风晴（豫、鄂）

东北风，降（看）雨雪；西南风，看日月（沪、苏、鲁、陕、青）

东北风，雨祖宗，西北风，燥松松（晋）

东北风，雨太公，西北风，干松松（陕）

无事不刮东南风（鲁）

若要盼天阴，只看东南风（苏、晋）

要问雨远近，但看东南风（苏）

一年四季东南风，唯有东风夏日晴（苏、皖）

一年四季东南风，唯有夏季东南晴（鲁）

一年三季东南雨，独有夏季东南晴（赣）

东南风一紧，下雨快得很（皖）

紧刮东南风，有雨就不轻（鲁）

东南风，雨祖宗（晋、吉、黑、鲁）

做得老，学到老；东南风起就收稻（苏）

东南风，何必问天公（京）

东南风，雨不终（黑）

东南风，定有雨（吉）

风向是东南，一定要变天（甘）

常东南，雨绵绵（鄂）

东南风加大，不阴就下（晋）

东南风，雨咚咚；西北风，一场空（川）

---

① 翻叶风指东北风把树叶吹翻过来。

东南风，滴溜溜，有雨难过五更头（吉、湘）
东南风，滴溜溜，难过五更头（沪）
东南风上不来，上来就怕没锅盖[1]（川）
东南风，上不来，上来没锅台（鲁）
东南风不过三天，西北风十天不管（宁）
东南风雨，西北风晴，阴天刮风不安宁（内蒙古、黑）
东南风多雨，西北风多旱（宁）
三天东南风，不必（用）问天公（吉、鲁、桂、川、陕、宁）
三天东南风，不用问先生（黑、鲁）
三天东南风，下雨不用问太公（苏）
东南风，遮天被，槐树摇头天阴昧（冀）
刮了长东南，半月不会干（沪）
东南风主雹，西南风无雹（冀）
不怕东南刮几天，但看东南风把头转（宁）
东南风，见晴天（甘）
东南风，燥松松（苏、浙、湘）
东南风，燥烘烘（皖、赣、鄂、陕）
东南风，燥公公（赣）
日日东南风，夜夜满天红（苏）
东南风，燥松松；东北风，雨祖宗（苏）
东南风，燥松松；东北风，雨太公（桂）
风台毛东南，仍旧作未晴；风台毛西北，作了有得落（浙、闽）
东南转西北，大雨在眼前（闽）

8. 南风

一日南风，三日关门（晋、吉、赣、闽、湘、桂）
一日南风，十日关门（鄂）
一日南风五日晴（川）

---

① 意思是指东南风上来后，不下雨则已，雨则必大。

一日南风三日曝，三日南风狗钻灶（晋、吉、长江中下游、鲁、川、贵）

一日南风三日燥，三日南风狗进灶（赣）

一日南风三日燥，三日南风犬爬灶（湘）

一日南风三日曝，三日南风猫钻灶（皖）

一日南风三日曝，三日南风缓缓暴（浙）

一日南风三日曝，三日南风寒潮到（湘）

一日南风三日报，三日南风寒冷到（桂）

一日南风三日报（曝），三日南风狗钻灶（吉、甘）

一日南风一日曝，开门南风关门曝（浙）

一日南风三日雨，三日南风发大水（皖）

一日南风三日暖（川）

大南风，燥松松（粤）

一天南风三天（日）暖，一天北风三天（日）寒（晋、皖）

一日南风三日暖，三日南风转雨天（豫）

一日南风三日晴，三日南风雨淋淋（鄂）

一日南风三日雪，三日南风“半个月”（桂）

一日南风雾转寒（湘、粤）

一日南风扫，三日狗进灶（赣、湘）

一日大南风，三日钻被洞（粤）

既吹一日南风，必还一日北风（晋、苏）

只吹一日南风，必送一日北风（川）

当日南风当日消，三日南风就发蛟（粤）

彼日南风彼日消，三日南风就发蛟（赣）

日刮南风夜间停，还有几天晴（桂）

日刮南风夜不停，快有雨来淋（桂）

隔日南风隔日曝，缓缓南风猛虎曝（浙）

三日南风叫，十日寒风笑（桂）

三天南风不由天（鲁）

三日南风必有雨，一转西北又落空（陕）

三天两天南风大，不久就有寒潮下（云）

南风刮三天，不雨就（也）阴天（皖、鲁、湘）

南风不过三（黑、粤、桂）

南风不过三，不是下雨就阴天（京、吉）

南风不过三，过三不雨就阴天（皖）

南风不过三，过三有几天（湘）

南风不过三，过三必连阴（苏）

南风不过三，过三北风刮翻船（鲁）

南风不过三，过三大水淹（豫）

紧南不过三，（晋、赣、豫、桂）

紧南不过三，过三必转冷（桂）

紧南不过三，有雨在下一天（贵）

南风若过三，不是下雨就阴天（冀、鲁、豫）

南风若过三，不雨也（就）阴天（京、冀、辽、皖、鲁）

南风越过三，不是下雨是阴天（鲁）

南风若过三，不是下雨就是阴（晋）

南风若过三，不是下雨就是干（赣）

南风若过三，不雨也是大阴天（陕）

南风要过三，不是下雨就是阴天（吉）

连刮几回大南风，三个六十[1]是雨讯（豫）

几天南风刮，风停雨就下（宁）

数日南风数日雨，只怕南风刮不大（粤）

连续吹南风，风变必有雨（宁）

月月南风月月下，只怕南风刮不大（冀、鲁）

四季南风是雨娘（冀）

四季南风四季晴，只怕南风起响声（浙）

南风毒如蛇（浙）

南风难晴天（豫）

南风怕晒，北风怕盖（鲁）

南风唤北雨，好似亲娘接闺女（鲁）

---

① 大南风后第 60、120、180 天有雨。

南风好下雨（豫）
南风是调雨台（鲁）
南风发发，塘井崩刮刮（浙）
缓缓南风猛虎暴（浙）
南风吹得徐，期雨要待久（闽）
南风歇，雨来接（湘）
南风息，将有雨（湘）
南风息，戴斗笠（赣）
南风愈是急，北风愈是准（冀、辽）
南风急，戴斗笠（鄂）
离了南风不会下，离了南风不会晴（云）
南风紧，风停雨来临（桂）
不怕天不下，只怕南风刮不大（豫）
南风大，天变快（湘）
南风一起，不风就雨（黑）
南风大，水满街（粤、桂）
南风雨，西风晴（黑）
南风刮动土，好雨不过午（陕）
南风刮动土，好雨不过五（陕）
南风发铳，大雨相送（湘）
南风绕绕，干死草草（浙）
南风吹得紧，北风来还礼，阵雨随后临（闽）
南风愈是紧，北风愈是准（冀、辽）
南风吹得紧，未来寒风又细雨（桂）
南风刮得紧，明天下得准（鲁）
做到老，学到老，南风大了要收稻（浙）
南风风小是旱天，南风过头，过不了几天（湘）
南风猛过头，坑（圳）沟无水流（晋、赣、湘、粤、桂）
南风猛过头，河沟断水流（吉）
南风云起，土雾绕山，七阴八下九不晴，十一、十二扯连阴（宁）
南风云起，青烟扑地，七阴八下九不晴（宁）

南风急，西云翻过东，不是阴就是雨（闽）

南风腰里硬[1]，傍晚就要它的命（冀）

南风腰里硬，它越刮还越硬（苏）

南风紧过索，风停雨就落（粤）

南风不过晌，过晌听风响（冀、黑、皖、鲁、湘、宁）

南风不过晌，过晌呼呼响（鲁）

南风不过晌，过晌听雷响（黑）

南风不过晌，过晌连夜扛（宁）

南风不过晌，北风不过酉（鲁）

南风不过午，过午[2]连夜吼（冀、晋、内蒙古、吉、赣、豫、湘）

南风不过午，过午深夜吼（桂）

南风不过午，过午大似虎；西风不过酉，过酉连夜吼（豫）

南风过午连夜吼，天明不停得三日（陕）

南风随日落，近日无雨落（鲁、桂）

南风随日落（鲁）

南风随日落，北风随日长（鲁）

南风随日落，不落就是祸（鲁）

南风自变小，雨水紧跟脚（辽）

南风下雨南风开，十天八天不回来（鲁）

南风雨，北风开，再过三天还回来（鲁）

南风冷有雨，南风烧有风（陕）

南风不下崖（鲁）

火南风（赣）

南风是火风（赣）

一天南风三天暖（川）

南风南火洞，越吹越是红（浙）

南风凉，无风就是霜（宁）

南风凉，无雨就是霜（宁）

---

① 指中午风大。

② “过午”指傍晚。

南风冻，北风送（粤）

吹南风，晚上凉，干谷好上仓（贵）

热南风，不久寒风雨（桂）

湿热南风三日雨（辽）

吹火南风旱，吹水南风阴（宁）

水南风（赣）

刮南风有稀云，乌云接日泡死人（宁）

刮南风接黑云，明天有雨淋（宁）

南风多，冬雪多；南风强大，冬雪也大（藏）

高南风天晴，低南风天雨（湘）

一场南风一场雨（吉）

南风一起，不风就雨（黑）

风是南北不让（豫）

南风北风常往来，风调雨顺无大灾（豫）

刮南风雨连绵，刮北风雨不长（藏）

南风腰中硬，北风两头尖（皖）

南风腰里硬，北风头一阵（湘）

南风刮到小鸡叫，北风刮到日头落（辽）

南风怕鸡叫，北风怕日落（吉）

三个南风有一怪，三个北风有一晒（湘）

南风刮大，必有雨下；北风刮大，必是晴天（辽）

南边起风势必雨，北边起风势必晴（桂）

南风雨不长，西北落得久（湘）

南风刮大，必然转北（辽）

南风吹暖北风寒，东风多湿西风干（辽、吉、黑、皖、闽、粤、陕、青）

南风暖，北风寒，东风湿，西风干（闽、鲁）

南风暖，东风潮，北风过来没处逃（苏）

南风暖，北风寒，东风多湿西风干（豫）

南风吹暖，北风吹寒，东风吹湿西风干（黑）

南风吹来有火天，北风吹来有雨天（宁）

南风吹来潮气大，北风吹来天要下（甘）

南风发热北风冷，北风寒冷天气晴（浙、川）

南风火，北风雨（宁）

南风多雾露，北风多严霜（苏）

南风多雾气，北风多严霜（晋、闽）

南风多雾气，北风多霜降（闽）

南风起，雨不停；北风起，天气晴（内蒙古）

南风霜，北风雪（赣、湘）

南霜北雪（赣、湘）

南风过雨闲，北风过雨忙（宁）

南风千年，北风眼前（宁）

南来风，雨雪兆；北来风，兆天晴（藏）

南风天晴，北风阴（云）

南风晴，西北风雨（闽）

南风怕阴，北风怕晴（辽）

南风头小肚子大，北风头大肚子小[①]（豫）

南风尾，北风头[②]（晋、苏、皖、豫、湘、川）

防南风尾，北风头（浙）

南风尾大，北风头大（辽）

南风头，北风尾（苏）

南风头大，西风尾大（川）

南风尾，北风头，落雨在后头（粤）

南风莫走尾，北风莫走头（湘）

回南转北，冷得嘴乌面黑（粤）

回南转北，冷得嘴（口）唇黑（粤）

回南转北，嘴唇冻黑（桂）

回南转北，三日烘火笼（粤）

天南地北，无雨也黑（桂）

---

① 指南风有后劲，北风则越刮越小。

② 意即南风吹完，就来北风。

天南地北，风雨交作（辽、桂）

天南地北，将发台风（粤）

先南后北，天冷有雨（鄂）

先南后北，等不到天黑（鄂）

南转北，下不测（苏、鲁）

南转北，大雨得（湘、桂）

南转北，天不测（吉、赣、鲁、湘）

南转北，天则变（赣）

南风转北，大水进屋（皖）

南风转北，下雨不测（川）

南风转北，阴雨连绵（云）

大刮南风忽转北，风雨一齐来（鲁）

南风转北风，大雨满田冲（粤）

南风转北风，大雨满垄冲（湘）

南风转北风，不下大雨也滴星（豫）

南洋转北洋，大雨淹屋梁（鄂）

南北风，雨祖宗（湘）

南撞北，天变黑（粤、桂）

南犯北，雨滴滴（粤、桂）

风从南转北，当时有雨雪（豫）

南转北，落得哭（浙、湘）

南转北，草绳缚草屋（浙）

南风住了起北风（内蒙古）

南风太阳落住，北风小鸡叫停（内蒙古）

南风惹北暴（鲁）

南风迎，北风送（粤）

南风变得快，北风晴得快（桂）

南风雾阴，北风雾晴（鲁）

南风翻山北风迎，山上山下雨蒙蒙，北风不息雨不止，倒了南风天不晴（陕）

南风一冲，北风一送（鄂）

南风一衬，北风一送，麻雨子一喷，被窝里一弓[1]（湘）

南风勿受北风欺（沪、苏）

南风不受北风欺（京、冀、晋、吉）

南风不受北风欺，转了北风雨淋淋（鲁）

南风不受北风欺，倒了南风当时雨（鄂）

南风不受北风气（辽、黑、鲁、湘）

南风刮大，必然转北（辽）

南风愈是狠，北风愈是准（鲁）

一日南风，必还一日北风（浙）

南风吹到底，下雨不还礼（贵）

南风吹（刮）到底，北风来还礼（冀、晋、吉、苏、沪、皖、闽、赣、鲁、豫、鄂、湘、贵、云、甘）

南风吹到（过）头，北风来报仇（赣、湘）

南风吹吹，北风追追（鄂）

南风呼呼刮到底，北风不久把礼还（豫）

南风狂北报，搓绳缚屋好（闽）

南风天晴，北风天阴（云）

不怕南风刮得大，一转北风就要下（豫）

不怕南风刮得大，调转北风就要下（皖）

不怕南风刮得大，转（倒）了北风就要下（鲁、甘）

南风刮得大，转了北风就要下（豫、鄂）

不怕南风紧，只怕转东北（沪）

南风转西北，大雨不久转晴（陕）

南风转东，还要回转（冀）

南风转东风，会有雨来临（湘）

南风转东风，三天不落空（皖）

南风谷子堆满仓，北风谷子一包糠（吉、湘、宁）

南风冻，水浸垌（粤）

地面南风云钩北，天上下雨淋头壳（粤）

---

① 南风转北风之意。

南风急急过几天，北风带雨就连绵（桂）
台风若无转回南，无风无雷还要防（湘）

9. 西风

一日西风三日雨，三日西风晒死鬼（粤）
一日西风三日雨，三日西风刮到死（粤）
一日西风三日晴，三日西风一月晴，一月西风三月晴（苏）
一日西风三日暖，三日西风不由天（陕）
一日西风三日暖，三日西风冻破砖（陕）
一日西风三日暖，三日西风暖九天（陕）
三日西风，四日大风（新）
一年四季西风晴，六月西风送（是）人情[1]（长江中下游、皖）
四季西风西季晴，西风必定起响声（陕）
西风雨，北风晴（闽）
刮西风，阴变晴（豫）
西风雪，东风雨，南风暖，北风燥（苏）
不刮西风不会晴（豫）
不怕西风刮不晴，就怕西风刮不成（豫）
西风刮得大，起了北风就要下（豫）
西风盛吹现天旱，虽有雨云也枉然（藏）
西风一大片，天气必大旱（豫）
西风吹得稳，天气晴得准（鄂）
西风刹雨脚，明天太阳烈（湘）
西风煞雨脚，勿等泥头白（晋、苏、鲁、湘）
西风刹雨脚，不等泥晒干（吉）
西风刹雨脚，泥头晒不白（沪、苏、湘）
西风刹雨脚，晒得地（田）头白（沪、苏、浙）
西风日落止，不止刮倒树（皖）

① 指有雨。

西风头，南风脚（苏）

西风夜静（冀、晋、辽、苏、皖、鲁）

西风怕日落（粤）

西风随着太阳落（鲁）

西风日住，不住刮倒树（鲁）

西风怕鬼（浙）

西风夜静，夜静明日晴（湘）

西风入夜静，掼稻人高兴（沪）

西风夜来绝，明朝推倒壁（苏、鲁）

西风不过酉，过酉连夜吼（晋、苏、皖、湘、陕）

西风不过酉，过酉刮一宿（冀）

西风不过酉，过酉连夜走（皖、甘）

西风腰里硬（苏）

西风本姓李，早饭后才起（鲁）

西风迎早霞，风沙送夕阳（藏）

西风来，天放晴；东风来，阳沉沉（新）

西风雪，东北风霜（闽）

西风卷乌云，无事莫出门（湘、桂）

西风云过东，雨下不相逢（粤）

西风过去东风来，浮尘紧跟把雨排（新）

西风要转阴，东风天要晴（云）

西风冷，东风雪，南风暖，北风晴（闽）

西风无雨东风雨，北风无雨南风雨（鄂）

西风起虫，东风杀虫（桂）

西风雨肥，东风雨生虫（鲁）

吹西风雪多，吹东风霜多（宁）

西风霜，东风暖（浙）

当日西风，次日东风（皖）

倒的西风不开晴（鲁）

拂拂西，有风台（粤）

偷食狮[1]，来风台（粤）
西风不过晌，东风渐渐长（皖）
西风不过午，过午会闯祸（浙）
西风吹过午，不是大水是台风（粤）
西风吹过午，大水浸到灶（粤）
西风不过午，过午便是虎（浙）
西风旱了不下雨，东风涝了不晴天（鲁）
西风旱了天不雨，东风涝了天不晴（鄂、川）
刮上几天西南风，晴得圪崩崩（陕）
西风和北风，天会有旱情（湘）
西风转北风，必定刮大风（宁）
西风突然转北风，雨雹天气将要临（湘）
西风不雨北风旱，东南风吹雨连绵（藏）
西北风，开天锁（冀、苏、皖）
西北风，天开锁（闽、湘、粤、云）
西北风是开天锁（川、藏）
西北风是开天的钥匙（辽、黑、鲁）
西北风开天锁，午后见太阳（桂）
西北风开天火，日头出来红似火（冀）
西北风肯晴（豫）
西北风，晒干坑（豫）
西北风，天转晴（京）
雨止天晴西北风（冀）
西北风起，乌云露底（京）
西北风怕日落（冀）
西北风早上起晚上停，半夜起风刮三天（津）
西北风刮过午，鬼仔走得哭（粤）
西北风缺晚露，不久雨沽沽（闽）
西北风降温，晴天后头跟（湘）

---

① “狮”与“西”谐音，形容西风大。

西北风，雹（冷）子精（吉、苏、鲁、陕）
西北风早晚不大（吉）
西北风，冷冰冰（豫）
西北回头来，下雨老祖宗（粤、桂）
西北风，天乌阴；东北风，就碧空（粤）
西北风沙沙，就要把雨下（豫）
西北风来吹，雪花飘飘飞（浙）
不起西北风不晴（鲁）
风吹西北阴雨来（云）
西北大风刮得猛，两月以后下得准（豫）
西北风雨一刻晴，东北风雨雾蒙蒙（辽）
一日雨北风，三日雨无踪（豫）
连吹三日西北风，秋雨不用问天公（苏）
常刮西北风，近日好天气（冀、鲁）
连刮两天西北风，风停后就会有霜冻（宁）
西北风吹过后，东北风吹煞人（浙）
西风头，南风脚（苏、晋）
西南风，到夜热（浙）
西南风，暖烘烘（豫）
西南风，热度大，刮长了，有冰雹（鲁）
西南风，天转晴（陕）
西南风，开天锁（浙）
西南大风[①]，三日晴（沪、皖）
西南风肯雨（豫）
西南风，日落自消（鲁）
西南风，大水发（苏）
西南风，三天不落空（皖）
西南风连刮三天，不是阴天就是雨（晋）
西南风闷热，雷雨来送凉（皖）

① 指农历五月中旬到六月初期间出现的又干又热的西南风。

西南闷，热雷阵（浙）
西南风来得早，春风多（吉）
西南早到，晏弗动草[1]（苏）
西南风腰硬，傍晚就要它的命[2]（辽）
西南风，腰粗两头细（吉）
西南风，北风的腿，南风打底北风吹（鲁）
西南风急要下雨（豫）
西南风的雨，不倒不晴（京、冀）
三日西南风，秋雨落不穷（晋、辽、吉、苏、鲁）
三日西南风，秋雨落不赢（赣）
三天西南风，不用问天公（鲁）
三天西南风，总有大雨冲（桂）
三天西南风，不用问先生（冀）
连吹三天西南风，下雨不用问先生（鲁）
连吹三日西南风，秋雨不用问先生，牧牛小子披蓑衣（苏、鲁）
风刮西南，鹅毛不起，定转东风（冀）
刮上几天西南风，干得格崩崩（吉、赣、鲁）
天天西南风，必定要落空（豫）
西南转西北，还得半个月（皖）
西南转西北，风大雷雨急（吉）
西南转西北，刮得不见鬼（冀）
西南转西北，风雨必定得（湘）
西南转西北，风暴等不得（鄂）
西南转西北，搓绳来绊（拴）屋（晋、辽、黑、苏、赣、鲁、湘、桂）
西南转北，吹翻草屋（沪）
西南转东北，大风大雨在眼前（晋）
西南转东北，树枝要断折（皖）
西南转东南，当夜就下雨（津）

① 弗，即不，苏南方言。
② 指傍晚时对流作用减弱，使地面西风减弱或停止。

10. 北风

一日北风三日雨（粤）

一日北风三日雨，三日北风打大水（浙）

一日北风三日雨，三日北风水涨起（浙）

一日北风，三日阴雨；三日北风，晒干河底（云）

一日北风三日晴（豫）

一日北风三日晴，三日南风别盼晴（晋、吉、鲁、湘、陕、宁）

一日北风三日暖，三日北风九天晴（陕）

一日北风三日晴，三日北风雨星星（冀）

一日北风三日暖，三日北风暗几天（甘）

北风刮到日头落，南风刮到小鸡叫[①]（吉）

北风日落停，不停刮到明（吉）

北风两头喧（赣）

北风雨，来势凶（豫）

北风撞门，霜雪满园（湘、粤）

偏北风，雨祖宗（新）

偏北风，雨太公（甘）

吹北风，有雨不会空（云）

北风起，要下雨（云）

吹北风上云，三天不下胀死人（宁）

吹北风，上水云，你不下，我不信（宁）

北风来雨不凶，风后天气晴（豫）

北风冲顶天气晴，北风扫地天气阴（湘、桂）

北风吹黄土，雨落水不流（陕）

北风吹，雨雪归（陕）

北风吹，雨雪归，秋后北风干到底（陕）

北风到来三日寒（豫）

北风吹人面，天冷不用问（贵）

① 小鸡，指公鸡。

北风把衣穿，南风把衣担（贵、云）
北风不过酉，过酉连日（夜）吼（豫、陕）
北风吹过午，大水浸灶肚（湘、粤、桂）
北风吹过午，台风就要来（粤）
北风吹过午，台风跟屁股（粤）
北风不停，小雨不断（豫）
北风上，呼呼响，三天之内雨一场（黑）
北风吹得长，准备晒谷粮（吉）
北风扫地天必雨，风不扫地干北风（云）
北风三天必有雨（晋）
北风三天定有霜（晋、内蒙古）
北风多，春雨晚（吉）
北乡风，瑶山雾[1]（桂）
北风寒，天气晴（湘）
北风冷，台风遁（沪）
北风刮三天，不雨也阴天（鲁）
三天北风两天雨（鄂）
离北风不下，离北风不晴（云）
无北不雨，无北不晴（云）
无北风不雨，无北风不晴（云）
北风下雨北风晴，东风转北有雨行（云）
北风下雨北风晴，东风转北要下雨（冀）
无北风不雨，无南风不晴（云）
不刮北风不雨，不刮北风不晴（鲁）
风头一反，雨天变晴天[2]（内蒙古）
北风晴，南风雨，西风阴，东风虫（闽）
北风雨，南风晴（赣、豫、川）
北风不晴，南风不雨（云）

---

① “北乡”与“瑶山”均为地名。
② 指冷空气前锋临近前，南风转北风，天气要转晴。

北风阴雨南风晴（云）

北风下雨南风晴，东风转北要下雨（云）

北风转南，天气转晴（湘、云）

大刮北风忽转南，当日必有阴雨天（鲁）

北风接南风，亲娘接闺女（内蒙古）

北风大来好晴天，南风大来坏雨天（桂）

北风送雨水势洪，东南风来雨蒙蒙，从来西风最吝啬，想要得雨望北风（桂）

北风头大肚子小，南风头小肚子大（豫）

北风头，南风尾（鲁）

北风大，好晴天（桂）

北风狂叫，天阴必雨（云）

拍北风[1]，下午日（桂）

北风怕回头[2]（吉、鲁、湘）

北风怕回头，南风怕过头（湘）

北风不欠南风的债（赣）

北风不受南风欺（赣、鲁、湘）

北风不受南风气（辽、鲁）

不怕北风去，只怕南风欺（鄂）

北风不受南风欺，周转过来往回刮（豫）

北风不受南风欺，南风过后来还礼（黑、宁）

北风吹过南，无钱装一船；南风吹过北，有钱买不得[3]（湘）

北风接南风，老娘接闺女（黑）

北风刮到底，东风来还礼（鲁）

北风上了东，越刮越稀松（津、冀、鲁）

北风转向东，愈刮愈稀松，东风转向南，愈刮愈慢坦（冀）

北风大，乌云多，黑天地，冰雹到（闽）

一日偏北风，三日西南风（冀）

---

① 指来势凶猛的北风。

② “怕回头”是说北风转南风后，又回头转北风，天可能会下雨。

③ “北方吹过南”雨水多，丰产丰收，物价便宜；“南风吹过北”预示干旱，物价昂贵。

北风尾，东风头，有霜满门楼（湘、粤）
冬动己卯风，十间牛栏九间空（湘）

11. 不同大小的风

无风无雨晴朗朗，明日早上要防霜（宁）
无风无云又寒冷，次日房上一片白（贵）
无风无浪，必要防霜（甘）
无风来长浪，必有大风狂（吉、湘）
无风来长浪，不久狂风降（冀）
无风起浪，不过两天会刮风（闽）
无风天热人又闷，有雨有风不用问（宁）
无风四角亮，有风尘遮日光（新）
大浪静风，一二日且看北风（粤）
静风明朗夜，来日大晴天（皖）
静风黑云有大雨（桂）
风静热蒸，云兴雨淋（贵）
风静又蒸热，云雷必振声（桂）
风静又蒸热，暴雨必急烈（湘）
风静又蒸热，云雷必震烈（冀、鲁）
风静天闷热，雷雨必强烈（晋、辽）
风静闷热，雷雨必震烈（辽）
微风细雨谷扬花，满山遍野好庄稼（吉）
清风细雨，粗风暴雨（豫）
风清月照西，乌猪犁大溪（闽）
飘风不终朝[1]（冀、苏）
飘风不终朝，飓风不终日（晋）
风大夜无露，阴天草无露（陕）
风大夜无露，阴天夜无霜（晋、鲁）

---

① 引自老子《道德经》，“飘风”指小风。

刮大风，不下雪（黑）
风大无雨（贵）
风大雨速收（粤）
狂风雨不兴（鲁）
风大雨大，风息雨来（桂）
风大雨不来，凭你巧安排（贵）
风大雨大，一会就不下（藏）
风大雨点小，一会儿就了（闽）
风大雨不长（云、贵）
大风慢慢小，天气就转好（新）
日大风大，犁耙高挂（贵）
风头大，吹不久；风头小，吹不长（桂）
风忌愈吹越大，云忌愈起愈低（桂）
风加大，晴得快；风减小，晴得慢（湘）
前头大风停得快，后头大风还作怪（新）
强风必有强雨（赣）
大风无夜露（冀、苏）
大风夜无露（晋、苏、皖、川）
大风夜里，无露无霜（川）
大风夜无露，阴天夜无霜（冀、鲁）
大风夜无霜；晴夜微风霜（冀）
大风不过三[1]（晋）
大风底下定有雨（鲁）
大风三天，小风一夕（湘）
大风不过晌，过晌听风响（冀）
大风不过晌，过晌呼呼响（鲁、川）
大风不过午，过午三晌午（豫）
大风不过午，过午大如鼓（甘）
大风不过午，过午连夜吼（陕）

---

① 指不超过三天要下雨。

大风不过夜，过夜刮一天（新）
大风不过夜，过夜更加凶（陕）
大风开始涨，时间刮不长（新）
大风出傍晚，持续时间短（新）
大风开始强，时间刮不长（新）
大风息，戴斗笠（鄂）
风停天脚红，明朝寒霜浓（粤）
大风百日雨（吉、苏）
大风百日雹（苏）
大风刮一百天以后有大雨（吉）
一日大风百日雨（鲁）
无事七八九，莫向江中来[1]（闽）
风急雨落（冀、湘）
风急雨落，人急客作（苏、湘、桂）
风急去起，愈急必雨（赣、鲁、桂、川、甘、青、宁）
风起云涌，愈急必雨（闽）
急风引暴雨（皖）
急风生阵雨，无风下大雪（鲁）
急风急没，慢风慢没（晋）
强风怕日落（晋、苏、鲁、川、陕、甘）
强风不过日落（冀）
狂风多大雨（湘）
狂（强）风暴雨不终朝（苏、川）
人暴有气，风暴有雨（贵）
恶风尽日没（终）（晋、辽、黑、苏、豫、桂）
恶风必有恶雨（苏）
一场恶风，一场恶雨（冀）
山吼海叫[2]，大雨就到（云）

---

① 农历七、八、九月，正是飓风盛行之期，江里风浪很大，所以不去江中为是。
② “山吼海叫”指风声。

打鼓不荡西[1]，三日又可回（粤）
飓风不终朝，骤雨不终日（黑、川）
一尺风，三尺浪（苏）

12. 不同状况的风

一年四季风，季季都不同（豫）
乡里的风，城里的雨（鲁）
十里不同风，隔道不同雨（冀）
百里不同风，隔路不同雨（粤）
百里不同风，十里不同雨（吉）
千里不同风，百里不共雷（赣）
胡风刮雨（鲁）
汛头风不长，汛后风雨毒（苏）
胡刮风，刮下雨（豫）
风后暖，雨后寒（冀）
风热风大，天气不下（甘）
五风十雨，五谷丰登（鄂）
无风不下（雨），无风不晴（鄂、湘、云）
非风不雨，非风不晴（豫）
刮刮风，雨落空（贵）
风天莫望雨，凝天莫望晴（贵）
刮刮风，刮下雨（豫）
人吵有事，风吵有雨（赣、粤、桂）
人吵有事，天吵有雨（赣）
人吵事，风吵雨（陕）
风吵有雨（晋）
三日横风四日雨（浙）
风是（在）雨头（冀、黑、苏、皖、赣、川、贵、甘、青）

① “打鼓”指台风，“荡”是吹的意思。

风是雨的头（冀）

风在雨头，风起雨收（辽）

风是雨头，风猛雨凶（豫）

风是雨头，狂风雨速收（青）

风是雨舅舅，雨在风后头（晋）

风是舅舅，雨在后头（甘、新）

风是雨的头，风狂雨速收（黑、湘）

风是雨的头，西北风大，把雨收（陕）

风是雨的脚，不必问天公（苏）

风后跟雨，雨后就晴（内蒙古）

风在前边吹，雨在后边跟（晋）

山雨欲来风满楼（台）

雨要来，风做媒（粤）

眼眨有事，风吹有雨（湘）

未雨先吹风，有雨也不凶（川）

先风后雨，其雨不大（桂）

吹风不下雨，下雨不刮风（甘）

缓报静三日[①]（闽）

有风无雨双月旱（陕）

风头乱，天要变（陕）

风头乱，天必变（陕）

风头乱，不用算（皖）

风乱转，不用算（皖）

风乱雨就来（湘）

风在打哆嗦，不久把雨落（陕）

天要变，风要乱（云）

天怕乱风扰，无雨便是风（陕）

风打架，雨相连（湘）

风多变，有阵雨（皖）

---

① 先起东北风，风力不大，过三日还有一次报头，东北风更大。

风活不是好天（沪）

风来不定，不雨也天阴（贵）

风向不定天不正（鲁）

对口风[1]要下雨（冀）

一日三调风[2]，不用问先生（晋）

一天一倒风，不用问先生（鲁）

风齐不雨，风乱要下（豫）

风向倒，雨来了（陕）

风倒三遍，不用掐算（鲁）

风倒八遍，下雨不用算（鲁）

风倒八遍，天气要变（冀、晋）

风倒八遍天要变（鲁）

风倒八遍，不用遥算（黑、鲁）

风倒八面，不用现算（内蒙古、黑、鲁、吉）

风向八变，不用推算（辽）

风向不定，风速静稳，风来必强（新）

风向多变，次日不是降雨就是阴天（藏）

风头一个翻，雨天变晴天（冀、鲁）

风气不准坏天气（冀）

吹啥风，落啥雨（甘、青）

风吹帽，雨雪到（苏）

风渗了，雨近了（陕）

风雨相对行，有雨必定凶（鲁）

风送其云，云去天晴（贵）

风云突起，雷电交加，冰雹要下（宁）

迎风上云，不用问神（皖）

迎云上云，雷雨来临（皖）

风云走路不一致，天气不会有好事（云）

---

① 指风向不定。

② 指风向时东、时西、时南、时北。

风与云逆行，一定有雨淋（沪）

风云逆行，雨下不成；风云同行，大水来临（陕）

风与云逆（游）行，一定雨淋淋（粤、甘）

风吹云散天气晴（云、贵）

风吹云朝南，大雨下成潭（甘）

风云相斗有雷公（云、贵）

风怕吹煞[①]（浙）

左转风，右转雨（辽）

风随太阳转，天气就要旱（鄂）

风转顺钟表，坏天跑不了；风转反钟表，好天就来到（内蒙古）

云钩向哪方，风由哪方吹（晋）

风吹不稳日头（苏、甘）

风三风三,一刮三天（冀、内蒙古、辽、吉、黑、豫、陕、宁）

风吹一大片，雹打一条线（晋、鲁）

风拧云转，雹了一片（冀）

地上刮风云不动，风向瞬间要变动（湘）

一日刮风十日旱，十日刮风旱半年（陕）

单一风天旱，杂风有雨（鄂）

风刮一天雨，连刮三天晴（鄂）

单日起风单日止，双日起风双日止（辽）

凉风刮大，必有雨下（辽）

凉风洋洋天要晴（贵）

凉风绕绕天要晴（贵、川）

一场寒风一场霜（晋）

冷风云，大雨淋（黑、宁）

冷南风是旱天，暖南风快转雨（云）

风前冷，雪后寒；狂风热，大雪暖（青）

霜风是晴天（湘、桂）

干风树上叫，水风地上搅（扫）（吉、湘）

---

① “吹煞”指一日内风向很少变化。

干风树上叫，水风陆上摇（桂）

干风树上叫，北风地上绕（湘）

干风树上叫，冰雪地上扫（吉）

旱风树上叫，雨风地上扫（赣）

晴风树上叫，水风地上扫（粤）

晴风半天走，西风立地扫（闽）

红风[1]劲吹春来到，东风不吹夏不来（藏）

黄风滚滚半天来，白天屋里点灯台，行人出门不见路，牧场庄稼沙里埋（内蒙古）

刮黄风，乱交云，注意冰雹要打人（晋）

黄风过后必有雹（鲁）

黄风不过午，过午连夜吼（陕）

黑风半夜，明风三天（吉）

明风夜狂，夜风三天（晋、辽）

光风不雨晴朗朗，明天早上要下霜（吉）

上风晴，下风雨[2]（川）

上风清，下风浓，无雨衣，莫远行（鲁）

上风落雨下风晴（贵）

上风皇，下风隘，无蓑衣，莫外出（苏、桂）

刮上风，上上云，天不下，也放心（甘）

风往上吹要下雨，风往下吹天要晴（陕）

上窜风，下窜雨，云蓬发红下冷子（豫）

顶风上云，不要问神（内蒙古）

顶风云彩下大雨（冀）

顶风上云，不雨就阴（皖）

上山风雨，下山风晴（陕）

进山风雨，出山风晴；上山风雨，下山风晴（川）

风吹上坡，下雨多着（贵）

---

① 指有沙尘的风。

② “上风”指东风，“下风”指西风。

风朝下吹，干得起灰（贵）
风吹高坡，霜打洼（晋）
地上刮风云不动，风向瞬间要变动（湘）
要想天气晴，吹场下山风（陕）
顺河风晴，逆河风雨[1]（川）
河风相斗如雷鸣，将雨（藏）
落地风现旱十天（桂）
落地风是旱天（桂）
斜风雨不久，无风雨不停（湘）
斜风雨过得快，无风雨拖得长（桂）
逆风易来，顺风易开（鲁）
斗风雨，顺风云（苏）
顺风云彩逆风雨（冀）
顺风云彩下不大，就怕云彩返回家（津）
顺风雪，迎风雨（鲁）
顺风云，顶风雨（陕）
顺风雪，逆风雨（鲁）
回头风，特别大（冀、晋）
回头风，势更猛（黑）
回头风，必下雨（鲁）
顶头风，吹得凶（豫）
对时风，对时雨（湘）
对头风，百日雨（冀）
对口风[2]，主旱（陕）
对口风，当日雨（鲁）
对口风，要下雨（冀）
两风并一举，必定连阴雨（鄂、甘）

① “顺河风”指西风，“逆河风”指东风。
② 指上午刮东南风，下午刮西北风。

鬼儿风[1]，卷天空，干就凶（贵）
鬼风急，即时雨；鬼风慢，三日雨（闽）
旋风快下雨（桂）
旋风起，要下雨（贵）
地上旋风起，三日必有雨（吉、皖、桂、川、云、宁）
地面起旋风，有雨要来泼（贵）
小旋风天旱，大旋风有雨（陕）
地面一旦旋风起，不过三天有雨滴（湘）
旋风多，雹子多（冀）
旋风连天起，三天内有雨（辽）
地卷风，雨跟踪（桂、宁）
就地刮旋风，万里晴（藏）
龙吸水，有雷雨（冀）
风响雷鸣，雹子来临（晋）
山谷嗡嗡响，雨天变晴天（晋）
吹风不下雨，下雨不刮风（甘）
交场风无雨（闽、桂）
交场风落地雨将临（桂）
扫地风，有雨下（闽）
入风出云，海中无船（粤）
风刮一片，雹打一线（鲁）

---

① 鬼儿风，又叫尘卷。